Richard Stiegler

Warum uns der Klimawandel an innere Grenzen bringt …

… und wie wir
daran wachsen können

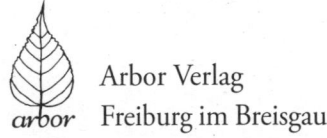

Arbor Verlag
Freiburg im Breisgau

© 2020 Arbor Verlag GmbH, Freiburg

Alle Rechte vorbehalten
1. Auflage 2020

Lektorat: Thomas Böhmer
Titelfoto: ©NASA Goddard Space Flight Center Image by Reto Stöckli
Hergestellt von mediengenossen.de
Druck und Bindung: Kösel, Krugzell

Dieses Buch wurde auf 100 % Altpapier gedruckt und ist alterungsbeständig.
Weitere Informationen über unser Umweltengagement finden Sie unter
www.arbor-verlag.de/umwelt

www.arbor-verlag.de

ISBN 978-3-86781-291-7

Für Quirin, Jonas und Noah
und für alle Kinder, die uns nachfolgen

INHALT

»Aber es geht doch um die Kinder.«

ERICH KÄSTNER, KONFERENZ DER TIERE [1]

Einleitung

Ich schreibe dieses Buch aus persönlicher Betroffenheit. Wenn ich die aktuellen wissenschaftlichen Daten über die zunehmende Erhitzung der Erdatmosphäre betrachte und die Prognosen für die nächsten Jahrzehnte sehe und was sie für die Menschheit und das gesamte Ökosystem der Erde bedeuten, erschüttert mich das. Es ist ganz klar: Wir sind auf dieser Erde mitten in einem dramatischen Wandel.

Ich bin aber auch betroffen, da ich mir sehr bewusst bin, dass ich selbst lange Zeit mit meiner Lebensweise zu dieser bedrohlichen Dynamik beigetragen habe und immer noch beitrage. Ich kann mich nicht als ein Opfer des Klimawandels bezeichnen. Ich bin selbst ein Verursacher.

Ich schreibe dieses Buch, da ich in meiner Tätigkeit als Psychotherapeut und Leiter von spirituellen Kursen sehe, dass nicht nur ich mit großer Betroffenheit reagiere, sondern dass aktuell in vielen Menschen durch die drohende Klimakatastrophe seelische Prozesse ausgelöst werden, mit denen sie sich häufig überfordert und allein fühlen. Denn in der Öffentlichkeit wird vor allen Dingen über die äußere Dimension des Themas gesprochen. (Also darüber, was CO_2 verursacht, wie wir CO_2 einsparen können, welche Kipppunkte es gibt usw.) Aber wie es den Menschen mit der Bedrohung geht, was es mit ihnen seelisch macht, wenn sie hören, dass sie in Zukunft radikal ihr Leben verändern und vielleicht auf vieles verzichten müssen, und ihre Kinder in einer Welt leben werden, in der dramatische Umwälzungen geschehen, darüber spricht fast niemand.

All diesen Menschen möchte ich mit diesem Buch versichern, dass es unabdingbar ist, die seelischen Wandlungsprozesse, die der Klimawandel anstößt, genauso ernst zu nehmen wie die äußeren Aspekte des Klimawandels. Als Psychotherapeut bin ich mir darüber im Klaren, dass bei allen Lebenssituationen, die uns zunächst überwältigen, ein seelischer Verdauungsprozess in Gang gesetzt wird. Der Klimawandel wird uns Menschen so radikale Änderungen abverlangen – im individuellen Leben, aber auch im gesellschaftlichen Zusammenleben –, dass er schon jetzt als eine bedrohliche Macht erfahren wird, die auf uns zurollt. Wie ein gewaltiger Sturm, der vieles auf den Kopf stellen wird und dessen erste Ausläufer uns bereits erfasst haben, so wird uns auch die Erwärmung der Erdatmosphäre überwältigen und in alle Lebensbereiche verändernd eingreifen.

Wer die Augen aufmacht, weiß, dass sich alles ändern wird. Sich zu ändern ist aber kein äußerer Vorgang. Es ist vor allen Dingen ein innerer. Wenn wir uns äußerlich ändern müssen, aber innerlich diese Veränderung nicht mitvollziehen können, leiden wir unter dem Wandel. Wir können ihn dann nicht äußerlich konstruktiv gestalten, da wir innerlich im Widerstand sind. Daher ist eine seelische Auseinandersetzung mit dem Thema Klimawandel unumgänglich, wenn wir die anstehenden Veränderungen individuell oder auch gesamtgesellschaftlich konstruktiv vollziehen und gestalten wollen. Erst wenn sich der seelische Prozess der Wandlung auf eine vollständige Weise vollziehen konnte, fühlen wir uns nicht mehr als Opfer der Umstände, sondern erfahren uns wieder in unserer Selbstwirksamkeit und im Einklang mit den Dingen.

Wir entdecken unsere eigenen Antworten auf die Herausforderungen des Klimawandels und müssen uns auch nicht moralisch über andere erheben oder sie belehren, sondern können ihnen authentisch und offen begegnen.

Doch das Thema Klimawandel hat nicht nur deshalb eine seelische Dimension, weil ein seelischer Verdauungs- und Veränderungsprozess ansteht, sondern auch weil die Ursachen dieser dramatischen Entwicklung letztlich bis in unsere Seele hineinreichen. Das moderne menschliche Verhalten, das den Klimawandel anheizt, gründet sich letztlich darauf, dass wir uns von dem Bewusstsein abgekoppelt haben, als Menschen zutiefst mit allen Ökosystemen auf dieser Erde verwoben zu sein. Daher greift es viel zu kurz, wenn wir das Problem der zunehmenden Erhitzung der Erdatmosphäre auf einer technischen Ebene lösen wollen. Eine verbesserte Technik, die die Atmosphäre nicht mehr so belastet, betrifft nur die Oberflächendimension des Problems.

Solange wir nicht die Tiefendimension und damit die eigentliche Ursache für die Klimaerwärmung erkennen und sich hier ein tiefer Wandel vollzieht, wird die Grundproblematik weiter bestehen. Die Tiefendimension des Problems liegt aber nicht im Außen, sondern in unserer Seele begründet. Auch deshalb schreibe ich dieses Buch, um das Bewusstsein für die tieferen Ursachen des Themas, die in uns liegen, zu wecken.

Nicht zuletzt schreibe ich dieses Buch aus Liebe zu meinen Kindern. Ich weiß nicht, wie ihr Leben und das ihrer Kinder in 30, in 50 und in 100 Jahren aussehen wird. Aber ich wünsche mir zutiefst, dass unsere Gesellschaft den notwendigen Wandel in einer menschenwürdigen Weise und ohne allzu große Verwerfungen vollziehen kann, damit auch zukünftige Generationen noch eine lebenswerte Zukunft auf dieser Erde haben. Jeder noch so kleine Beitrag dazu scheint mir zutiefst sinnvoll.

RICHARD STIEGLER

Zum Umgang mit den Fragen am Ende jedes Kapitels

Am Ende jedes Kapitels finden sich Fragen, die dazu dienen, den Inhalt des Kapitels mithilfe der eigenen Erfahrungen zu verarbeiten und ihre Relevanz für unser Leben zu überprüfen. Wer sich darauf einlässt, wird entdecken, dass die Lektüre dieses Buches eine Tiefenwirkung entfalten kann. Es ist wie immer: Etwas zu hören oder zu lesen ist hilfreich, aber den Inhalt mit dem eigenen Leben zu verbinden und innerlich zu erfahren, bewegt und verändert uns und geht daher tiefer.

Man kann sich diese Fragen selbst in einer stillen Stunde stellen. Es ist aber sicherlich noch wirkungsvoller, mit einem oder mehreren anderen Menschen diese Fragen zu teilen und dadurch in einen tiefen Dialog mit sich selbst und anderen zu kommen. Konkret schlage ich vor, jede Frage zunächst in einem Monolog zu bewegen. Dazu wird einer Person diese Frage gestellt und sie hat dann fünf Minuten Zeit, ihre eigenen Erfahrungen und Gefühle dazu auftauchen zu lassen. Das führt typischerweise zu einer großen Tiefe und Verbindung mit sich selbst. Erst danach öffnet man den Raum für Austausch und Dialog.

Und noch ein letzter Hinweis

Alle Inhalte dieses Buches richten sich gleichermaßen an Männer und Frauen. Zur besseren Lesbarkeit und um eine Sprache zu benutzen, die beiden Geschlechtern gerecht wird, sind die Kapitel mit ungeraden Zahlen in der weiblichen Form und Kapitel mit geraden Zahlen in der männlichen geschrieben. Sprache kann Bewusstheit fördern und die Gleichwertigkeit von Mann und Frau betonen helfen.

KAPITEL 1

Der Klimawandel –
eine Krankheit der Erde

Wir möchten Euch (den veränderten Menschen) mitteilen,
dass wir die Erde verlassen. Wir überlassen Euch die Mutter Erde.
Und wir beten, dass Ihr erkennen möget, was Ihr mit Eurer Art
zu leben dem Wasser, den Tieren, der Luft und Euch selbst antut.
Wir beten, dass Ihr eine Lösung für Eure Probleme finden werdet –
ohne diese Welt zu zerstören. Es gibt auch bei Euch »Veränderten«
einzelne Menschen, die dabei sind, zu ihrem geistigen Wesen und
wahren Selbst zurückzufinden.

Wenn Ihr Euch nur ausreichend bemüht, habt Ihr noch Zeit,
der Zerstörung auf diesem Planeten Einhalt zu gebieten. Aber wir
können Euch dabei nicht länger helfen. Unsere Zeit ist abgelaufen.
Die Zyklen des Regens haben sich bereits verändert, die Hitze hat
zugenommen und in der Pflanzen- und Tierwelt gibt es schon seit
Jahren immer weniger Wachstum. Wir können für Eure Seelen nicht
länger körperliche Hüllen bereitstellen, weil es hier in der Wüste bald
kein Wasser und keine Nahrung mehr geben wird.

BOTSCHAFT EINES STAMMESÄLTESTEN DER ABORIGINES
(ENDE DER 80ER- JAHRE)[2]

Der Klimawandel zählt wohl zu den größten Herausforderungen, die die Menschheit jemals zu bewältigen hatte. Er ist keine partielle Krise wie ein Krieg oder eine Hungersnot, die ein Land oder eine Nation betreffen. Er betrifft auch nicht einen Teilbereich des menschlichen Lebens wie der digitale Wandel. Er wirkt sich nicht nur auf ein Ökosystem aus wie beim Verschwinden einer exotischen Tierart. Die zunehmende Erhitzung unserer Atmosphäre betrifft die Erde als Ganzes und damit alle Menschen, alle Tiere und Pflanzen und letztlich alle Ökosysteme.

Auch die Auswirkungen für uns Menschen lassen sich nicht auf Teilbereiche reduzieren. Wenn die galoppierende Überhitzung der Atmosphäre in den nächsten Jahrzehnten wie vorhergesagt zunimmt, werden alle Bereiche unseres menschlichen Lebens betroffen sein. Unser Wirtschaftssystem wird sich radikal ändern müssen. Unsere Sozialsysteme werden unter der Last der weltweiten Flüchtlingsbewegungen zusammenbrechen. Selbst die Nahrungsmittelversorgung und die Versorgung mit Trinkwasser wird für die meisten Menschen nicht mehr sichergestellt sein. Alle Lebensbereiche sind betroffen und es sprengt die Möglichkeiten unserer Vorstellung, was das wirklich für die Menschheit, für unsere Kinder und die Erde als Ganzes bedeuten würde.

Dabei müssen wir konstatieren, dass die drohende Katastrophe, die auf uns zurollt, nicht von außen kommt. Wir werden nicht von aggressiven Staaten bedroht, nicht durch fundamentalistische Religionsanhänger. Es gibt auch keine Bedrohung durch fremde Mächte aus den Tiefen des Weltalls und auch keinen Kometen, der auf die Erde einschlägt. Diese Bedrohung ist hausgemacht. Sie ist die Folge unserer modernen menschlichen Lebensweise, die offensichtlich diesen Planeten und seine natürlichen Gesetzmäßigkeiten verletzt. Wir Menschen sind selbst diejenigen, von denen die Bedrohung ausgeht.

Das Bedrohungsszenario des Klimawandels ist im Moment in einem Stadium, in dem es real noch kaum spürbar ist. In den westlichen Industrieländern geht es uns so gut wie nie zuvor. Zwar gibt es auch hier bereits erste sichtbare Veränderungen wie extrem heiße Sommer, partiellen Starkregen, Ernteausfälle und schmelzende Gletscher, aber wenn wir im Wald spazieren gehen und den Vögeln lauschen, scheint uns der Klimawandel wie ein böser, irrealer Traum, ein Zukunftsszenario, das irgendwie weit weg ist.

Man kann dieses Stadium vergleichen mit einem Menschen, dem vom Arzt eine aggressive Krebserkrankung diagnostiziert wurde, die er aber selbst noch gar nicht verspürt. Es gibt vielleicht bereits einzelne leichte Anzeichen, eine gewisse körperliche Schwäche oder leichte Verdauungsprobleme, aber eigentlich fühlt er sich gesund und die Nachricht eines raumgreifenden aggressiven Tumors wirkt wie ein Schock und fühlt sich gleichzeitig komplett irreal an.

Dabei ist der Vergleich mit einer aggressiven Krebserkrankung durchaus sehr passend, denn ein aggressiver Tumor ist eine Zellwucherung, die so entartet ist, dass sie sich nicht mehr als Teil einer Ganzheit einfügt und dem Organismus dient, sondern in einer unmäßigen Weise wächst und sich die Nährstoffe und den Raum für dieses Wachstum vom Körper, in dem sie lebt, holt. Das Verhältnis kehrt sich also um. Die Zellen dienen nicht mehr dem Körper, sondern der Organismus soll der Zellwucherung in ihrem unmäßigen Wachstum dienen. Wie wir wissen, führt dieser Prozess nach einer gewissen Zeit zwangsläufig zum Zusammenbruch des gesamten Organismus und damit zum Tod eines Menschen. Die entarteten Zellen haben irgendwann ihren Wirt ausgezehrt und damit die Lebensgrundlage für den Organismus und damit auch für das eigene Wachstum vernichtet.

Findet dieser Krankheitsprozess nicht gerade auf unserer Erde statt? Ist nicht der Mensch inzwischen mit seiner Lebensweise eines unmäßigen Wachstums, das in keinem Verhältnis mehr zu den natürlichen Ressourcen dieser Erde steht, zu einem Krebsgeschwür geworden? Dabei ist nicht der Mensch das Problem, sondern sein expansives Verhalten, welches darauf beruht, dass der Mensch sich nicht mehr in die Schöpfung als Ganzes einfügt, sondern sich umgekehrt die Schöpfung zunutze machen will.

Der Klimawandel ist eine schwerwiegende Krankheit, die die Erde als Ganzes befallen hat. Die Diagnose wurde bereits von unseren Wissenschaftlerinnen gestellt und die Prognose ist dramatisch. Sogar die Krankheitsgründe kennen wir. Der Krankheitsverlauf wird entscheidend davon abhängen, wie ernst wir bereits in diesem Stadium, in dem wir noch kaum Symptome verspüren, die Krankheit nehmen.

Die Diagnose und die Prognose

Schon im letzten Jahrhundert haben Wissenschaftlerinnen die Dynamik der Erderwärmung erkannt und davor gewarnt. Allerdings war zu diesem Zeitpunkt der Temperaturanstieg noch so geringfügig, dass sie keine Chance hatten, die Menschen und die Regierungen aufzurütteln. Inzwischen ist die Situation grundlegend anders. Der Temperaturanstieg in den letzten 20 Jahren ist so eklatant, dass wir bereits im Jahr 2019 eine globale Erwärmung von 0,9 °C (seit der vorindustriellen Zeit) erreicht haben. In Deutschland, wo sich die Erwärmung schneller vollzieht, sind wir aktuell bereits bei 1,54 °C angelangt (laut Umweltbundesamt).

Die aktuellen Auswirkungen dieses »Erdfiebers« sind eine Zunahme an Wetterextremen auf der ganzen Welt, ein Abschmelzen der Polkappen und der Gletscher, ein Anstieg des Meeresspiegels, eine Schädigung der Wälder und Ernten durch Hitze und Trockenheit und eine Zunahme von Artensterben. Obwohl diese Auswirkungen bereits mehr als deutlich auf der ganzen Welt gespürt werden, sind sie noch harmlos gegen das, was kommen kann.

Einen Ausblick darauf geben uns die Zukunftsprognosen der Wissenschaftlerinnen. Der Weltklimarat sagt voraus, dass wir bereits in acht Jahren, also im Jahr 2027, eine globale Temperaturzunahme von 1,5 °C erreicht haben werden, wenn wir nicht gravierend gegensteuern. Die Fieberkurve steigt mit solcher Geschwindigkeit an, dass wir bereits 2035, also in ca. 15 Jahren, global die 2 °C erreicht haben könnten.

Um zu ermessen, was diese Zahlen bedeuten, muss man sich vergegenwärtigen, dass bei einer globalen Temperaturzunahme zwischen 1,5 °– 2 °C sogenannte Kipppunkte ausgelöst werden. Kipppunkte oder Tipping-Points werden Prozesse genannt, die unumkehrbar sind und die die Erderwärmung weiter antreiben. Die zwei bekanntesten Kipppunkte sind das Auftauen der Permafrostgebiete und die Erwärmung der Weltmeere. Im ewigen Eis des Permafrostes in Alaska und Russland sind Unmengen an CO_2, aber auch an Lachgas und Methan gebunden. Lachgas und Methan wirken 25- bis 200-mal klimaschädlicher als CO_2. Die Meere wiederum sind der größte natürliche Speicher von Klimagasen. Je kälter die Meere sind, desto mehr CO_2 können sie an sich binden, je wärmer sie werden, desto mehr CO_2 lassen sie in die Atmosphäre.

Wenn alleine diese beiden Kipppunkte (und es gibt noch viele weitere) ausgelöst werden, werden solche Mengen an Klimagasen freigesetzt, dass der Prozess der Erderwärmung sich verselbstständigt und auch dann weitergeht, wenn die Menschheit es schaffen sollte, keinerlei Klimagase mehr auszustoßen. Mit anderen Worten, der Prozess der Erhitzung wäre unumkehrbar und nicht mehr zu stoppen.

Für diesen Fall rechnet der Weltklimarat mit einer Zunahme des Erdfiebers auf 3,5 °C bis 2050, also bereits in 30 Jahren! Bei dieser Temperatur wären weite Teile der Erde nicht mehr bewohnbar. Küstenregionen und Inseln würden überschwemmt, das

Trinkwasser und die Ernährung eines großen Teiles der Menschheit wäre nicht mehr sichergestellt. Die Folgen wären ungeheure Flüchtlingsbewegungen und damit auch der Zusammenbruch von sozialen und politischen Systemen.

Spätestens bei diesem Szenario sollten wir erkennen, dass der Klimawandel nicht irgendeine Katastrophe ist, von denen es schon viele in der Menschheitsgeschichte gegeben hat. Die Erderwärmung ist eine globale Krankheit der Erde, die in eine Apokalypse aller Ökosysteme führen kann. Die Erde selbst wird sich anpassen und ein neues Gleichgewicht finden, aber für den Menschen bedeutet dies eine Veränderung aller Lebensbereiche. Alles, was uns lieb und teuer ist, wird sich ändern, und unsere Kinder und ihre Kinder haben vielleicht keine Lebensgrundlage mehr.

Eigentlich sprengt es jede Vorstellungskraft, dass womöglich bereits in 30 Jahren die Mehrzahl der Menschen keine Lebensgrundlage mehr haben könnte. Angesichts dieses katastrophalen Szenarios sind sich alle Wissenschaftlerinnen und die meisten Regierungen darüber einig, dass eine Erwärmung über 1,5 °C unbedingt verhindert werden muss. Nur leider erreichen wir die 1,5 °C bereits in acht Jahren, wenn nicht radikale Einschnitte erfolgen.

Acht Jahre! Wir haben acht Jahre Zeit, um einen radikalen Systemwechsel zu vollziehen, der alle Bereiche unseres individuellen und gesellschaftlichen Lebens betrifft. Eine unglaubliche Herausforderung!

Der Krankheitsverlauf ist offen

An dieser Stelle möchte ich ins Bewusstsein rufen, wie enorm wichtig es ist, zwischen Diagnose und Prognose einer Krankheit zu unterscheiden. Diagnosen machen uns den aktuellen Stand einer Krankheit deutlich und sind ziemlich verlässlich, da sie sich auf reale Messungen und Beobachtungen stützen. Prognosen dagegen sind Zukunftsszenarien und damit Möglichkeiten. Sie legen uns nicht fest und sind in ihrer Entwicklung offen. Wir kennen es von schweren Krankheitsverläufen, dass die Prognose der Ärztinnen oft sehr vom tatsächlichen Verlauf der Krankheit abweicht.

Daher ist es ungeheuer wichtig, sich bei einer dramatischen Prognose bewusst zu machen, dass sie nur einen möglichen Verlauf beschreibt. Sonst laufen wir Gefahr, dass die Prognose uns innerlich hypnotisiert und wir sie immer mehr als Tatsache behandeln. Das ist sie aber nicht. Sie ist meist nur eine Idee über einen linearen Verlauf, der sich aus der Diagnose ergibt. Lebendige Organismen verhalten sich in ihrer Komplexität aber niemals linear, und Krankheitsverläufe entsprechend auch nicht.

In Bezug auf das Erdfieber ist die Diagnose eindeutig. Neben den Symptomen des Klimawandels, die sich in der Zunahme von Wetterextremen zeigen, belegen dies Temperatur- und CO_2-Messungen in der Atmosphäre. Diese Messungen zeigen uns, dass die Fieberkurve in den letzten 20 Jahren real ungeheuer schnell angestiegen ist. Wer sich dieser Diagnose verschließt oder sie leugnet, ist eine unverbesserliche Patientin und wird aus der aktuellen Diagnose keine direkten Konsequenzen ableiten. Das wiederum macht das Eintreten der Zukunftsprognose aber sehr viel wahrscheinlicher.

Wie gesagt: Die Diagnose ist eindeutig. Dagegen stellt die Prognose einer Zunahme der Erderwärmung auf bis zu 3,5 °C in 30 Jahren nur eine Möglichkeit dar, wie sich das Klima entwickeln könnte. Sie stützt sich auf eine lineare Fortschreibung der aktuellen Messdaten. Diese Prognose ist wichtig, da sie uns aufrütteln kann, aber sie ist keine Tatsache und legt die kommende Entwicklung des Klimas in keiner Weise fest. Das müssen wir uns vor Augen halten, um nicht wie ein Kaninchen auf die Schlange zu starren. Sonst können wir die ungeheuren Aufgaben, die vor uns liegen, nicht bewältigen.

Die Herausforderung besteht nämlich darin, alles, was in unserer Macht liegt, zu tun, um den Prozess der Klimaerwärmung zu verlangsamen und vielleicht doch noch zu stoppen, bevor immer mehr Kipppunkte ausgelöst werden und er sich verselbstständigt. Dazu gibt es eigentlich nur zwei Möglichkeiten: Wir können unser Leben (in individuellen und kollektiven Bereichen) so umstellen, dass wir drastisch CO_2 einsparen, und zum anderen können wir zum Beispiel durch Aufforstung CO_2 aus der Atmosphäre wieder herausholen.

Tatsächlich ist das Zeitfenster, das wir zur Verfügung haben, um in den Prozess der Klimaerwärmung aktiv einzugreifen, so kurz, nämlich acht Jahre, und die Aufgabe so gewaltig, dass wir uns nicht zwischen Einsparen und Aufforsten entscheiden können. Wir müssen beides tun, um eine reale Chance zu haben, den Fieberanstieg der Erdatmosphäre zu verlangsamen.

Die gute Botschaft daran ist, dass wir bereits sehr genau wissen, welche Verhaltensmuster im eigenen Leben und welche globalen Systeme (Energiegewinnung, Verkehr, Landwirtschaft, Fleischwirtschaft …) umgestellt werden müssen und wie das geschehen kann. Auch die Wirkung einer globalen Aufforstung ist inzwischen erforscht. Sie könnte sofort im großen Stil betrieben werden. In Kapitel 8 werde ich konkret auf beide Möglichkeiten eingehen.

Für den Moment ist es mir aber wichtiger, ganz allgemein darauf hinzuweisen, dass wir dem Erdfieber nicht willenlos ausgeliefert sind. Wir kennen bereits entscheidende Heilmittel, und ich bin sicher, dass die kollektive Erschütterung, die die Diagnose einer Erkrankung der Erde bewirkt, einen ungeheuren kreativen Prozess in Gang setzen wird. Dieser kann heilsame Ideen, kreative Lösungsansätze und vielleicht noch ganz andere Kräfte hervorbringen, die jetzt noch gar nicht voraussehbar sind. Hölderlin sagt: »Wo Gefahr ist, wächst das Rettende auch.«

Fragen zur eigenen Reflexion

- Wie bewusst ist mir die Dynamik des Klimawandels?

- Welche Rolle spielt er in meiner Innenwelt? Welchen Raum nimmt er in meinem äußeren Leben ein?

- Kann ich zwischen Diagnose (aktueller Stand der Klimaerwärmung) und Prognose (Zukunftsszenario einer fortschreitenden Erhitzung) unterscheiden? Kann ich das auch dann noch unterscheiden, wenn ich mit anderen Menschen darüber spreche?

- Welche Gefühle löst die Zukunftsprognose aus?

KAPITEL 2

Die tieferen Ursachen des Klimawandels

Ich dachte immer, dass die Hauptprobleme unserer Umwelt der Verlust der Artenvielfalt, der Kollaps unseres Ökosystems und der Klimawandel seien. Ich dachte, dass wir diese Probleme bewältigen könnten, wenn wir innerhalb von 30 Jahren wissenschaftlich nur weit genug vorankämen. Aber ich habe mich getäuscht.

Unsere größten Umweltprobleme liegen im Egoismus, in der Gier und in unserer Gleichgültigkeit ... und um damit umzugehen, brauchen wir einen spirituellen und kulturellen Wandel – und wie wir diesen Wandel anstoßen und vollziehen können, das wissen wir Wissenschaftler nicht.

GUS SPETH[3]

Wie ist es möglich, dass wir als Menschen trotz unserer hohen Intelligenz unsere Lebensgrundlage, also die Ökosysteme, in die wir eingebettet sind, systematisch schädigen, ja vielleicht sogar vernichten? Ist das nicht alles andere als intelligent?

Offensichtlich scheint uns unser Verstand mit all seiner Intelligenz nicht davor zu bewahren, für kurzfristige Vorteile die Schädigung unserer Lebensgrundlage in Kauf zu nehmen. Im Gegenteil. Man hat fast den Eindruck, dass der Verstand alles, was denkbar ist, erreichen will. Ob Atombombe, genetische Manipulationen oder Expeditionen zum Mars, der Verstand kennt keine Schranke, sondern nur die Logik, dass das, was denkbar ist, auch machbar ist. Und das, was machbar ist, gemacht werden muss.

Wenn wir diese Dynamik betrachten, sehen wir, dass in ihrem Zentrum die »Machbarkeit« und damit eine Zunahme an Macht steht. Das Sanskritwort für Mensch ist »purusha« und bedeutet, »etwas, das Macht hat«. Nicht anders lässt sich die Entwicklung des Menschen bis zum heutigen Tag begreifen. Seine Intelligenz hat ihm eine ungeheure Zunahme an Möglichkeiten auf diesem Planeten beschert. Seine Werkzeuge wurden dabei so mächtig, dass er bereits jetzt das Antlitz dieser Erde unwiederbringlich verändert hat.

Natürlich ist die Dynamik des Verstandes nicht nur schlecht oder gefährlich. Sie hat dem Menschen auch sein Überleben gesichert, unzählige Annehmlichkeiten hervorgebracht und zeitlose Kulturgüter geschaffen. Ohne das Streben des Verstandes gäbe es kein Wasserklosett, kein Radio und keine Sinfonie von Beethoven. Es wäre also völlig falsch zu sagen, der Verstand sei die Wurzel des Problems und gefährde mit seiner expansiven Kraft unser Überleben und das Leben anderer Wesen auf diesem Planeten.

Unsere Intelligenz ist nicht das Problem. Sie ist vielmehr ein ungeheuer machtvolles Werkzeug, das uns Menschen zur Verfügung steht. Sie kann gleichermaßen für konstruktive, also dem Leben dienende Prozesse, als auch für destruktive, also dem Leben schadende Prozesse eingesetzt werden. Wie jedes andere Werkzeug auch, kennt die Kreativität des Verstandes keine Ethik.

Ein Hammer zum Beispiel ist ein wunderbares Werkzeug, um Nägel einzuschlagen, und dafür äußerst nützlich. Wir können ihn jedoch auch dazu verwenden, etwas zu zerstören. Dann wird er zu einem destruktiven Instrument. Dem Hammer ist es einerlei, wofür er gebraucht wird, und niemand würde auf die Idee kommen, einen Hammer dafür verantwortlich zu machen, wenn er eine destruktive Wirkung entfaltet. Denn das Problem liegt nicht im Hammer, sondern in der Intention, mit der er eingesetzt wird.

Wofür setzen wir unsere Intelligenz ein?

Wenn wir also erkennen, dass die Intelligenz des Verstandes ein Werkzeug ist, das uns dabei helfen kann, zutiefst humane Dinge zu tun, das aber auch dazu eingesetzt werden kann, Wirtschaftssysteme zu betreiben, die unsere Lebensgrundlage gefährden, oder Kriege zu führen, unter denen ganze Völker leiden, dann müssen wir uns fragen: »Was ist die Intention, die unsere Intelligenz leitet? Wofür setzen wir unseren Verstand ein?«

Wenn wir uns diese Frage stellen, dann erkennen wir an, dass es etwas Grundlegenderes als den Verstand gibt – eine zugrunde liegende Intention, die dem Werkzeug unserer Intelligenz eine Richtung gibt. Im Zentrum steht dann nicht mehr die Machbarkeit und die expansive Kraft des Verstandes, sondern eine Motivation, die darüber entscheidet, wie das Instrument des Verstandes eingesetzt wird.

Doch wo ist diese Grundintention angesiedelt? Gibt es etwas Grundlegenderes, das uns zum Menschen macht, als unseren Verstand? Ja, das gibt es. Menschen sind nämlich nicht nur denkende Wesen, sondern vor allen Dingen auch fühlende Wesen. Menschen haben eine Seele. Das unterscheidet uns ganz grundlegend von Maschinen oder Computern, die zwar höchst effektiv arbeiten und in gewissem Sinne auch denken können, aber nicht fühlen.

Die Fähigkeit zu fühlen gibt uns die Möglichkeit einer hohen Empathie für andere Menschen, aber auch für Tiere und Pflanzen. Sie gibt uns die Möglichkeit, nicht nur zu wissen, dass wir Teil dieses Ökosystems Erde sind, sondern diese Einheit des Lebens unmittelbar zu erfahren. Wie oft wird mir berichtet, dass Menschen eine tiefe Verbundenheit erfahren, wenn sie in der Natur unterwegs sind. Wie viel Zeugnisse gibt es davon, dass Menschen immer wieder von der Schönheit und Erhabenheit des Lebens tief berührt sind und in diesen Momenten dem Geheimnis des Lebens ganz nahekommen.

Die Seele ist das Organ, das lieben kann. Eltern versorgen ihre Kinder nicht, weil es vernünftig ist, dies zu tun, sondern weil sie sie lieben. Diese Liebe ist der Ausdruck einer tiefen Verbundenheit mit den eigenen Kindern. Wenn Eltern diese Verbundenheit motiviert, werden sie dann ihre Kinder schädigen oder sie verletzen? Wohl kaum. Sie werden im Gegenteil alles dafür tun und auch ihre Intelligenz dafür einsetzen, ihre Kinder zu schützen und sie in ihrer Entwicklung zu unterstützen, selbst wenn sie als Eltern dabei auf manches verzichten müssen.

Verbundenheit und Würde

Die fühlende Seele lebt in einer tiefen Verbundenheit mit sich und allen Wesen. Wenn wir diese Verbundenheit in der Tiefe nicht spüren können, leiden wir als Mensch. Dieses Leiden zeigt sich als Einsamkeit, als Unzufriedenheit, als Sinnlosigkeit oder als Sehnsucht. Es ist der Ruf der Seele nach sich selbst. Erst wenn wir diese Verbundenheit in der Tiefe fühlen, kommt etwas in uns zur Ruhe, und wir fühlen die Sinnhaftigkeit unseres Daseins.

Das Gefühl von Sinn entfaltet sich daher nicht durch »sinnvolle« Handlungen oder durch Aufgaben, die wir übernehmen, sondern immer dann, wenn wir uns innerlich verbunden fühlen.

Erst dann spüren wir in der Tiefe den Platz, den wir im Verbund des Lebens einnehmen, und wir spüren die Würde, die in uns und in allen fühlenden Wesen wirkt.

Auch Würde ist ein zentraler Aspekt der Seele, genauso wie die Liebe, die aus tiefer Verbundenheit erwächst. Wir können über Würde diskutieren, wir können sie im Grundgesetz verankern, aber wir müssen sie fühlen, um sie wirklich zu begreifen. Nur dann kann sie ihre Wirkung entfalten und wird für uns zu einer lebensbejahenden Basis, die in allem Lebendigen spürbar wird.

Würde kann uns niemand geben. Wertschätzung kann uns entgegengebracht werden, aber Würde nicht. Würde ist der seinshafte Wert, der allem Lebendigen immanent ist. Sie ist in allen lebendigen Wesen bereits vorhanden, und wenn wir uns seelisch mit einer Pflanze oder einem Tier verbinden und die Einzigartigkeit, die Kostbarkeit und Zerbrechlichkeit dieses fühlenden Wesens spüren, erfahren wir auch seine Würde.

Diese Würde besteht unabhängig davon, ob uns ein Wesen oberflächlich betrachtet gefällt oder nicht. Sie ist auch nicht davon abhängig, ob uns ein Wesen nutzt oder nicht. Eine sogenannte Nutzpflanze hat die gleiche Würde wie ein sogenanntes Unkraut. Ein Mensch, der eine hohe Stellung in der Gesellschaft genießt, hat die gleiche Würde wie eine einfache Hausfrau. All diese Kategorien von wertvoll und nicht wertvoll bestehen in unserem Verstand. Wenn wir uns aber fühlend mit Menschen, Tieren und Pflanzen verbinden und sie liebend in ihrer Einzigartigkeit betrachten, werden wir in allen Wesen die gleiche, unantastbare Würde entdecken.

Spätestens hier müssen wir anerkennen, dass nicht nur Menschen fühlende Wesen sind und damit eine Seele und eine Würde besitzen, sondern auch Bäume und Gräser, Kühe und Insekten. Von hier aus sieht die Welt anders aus. Hier gibt es nicht den intelligenten Menschen und ihm gegenüber eine unbeseelte Natur, die uns zur Verfügung steht, um uns zu ernähren und zu erfreuen,

sondern es gibt nur das Eingebundensein in eine Welt von ungeheuer vielfältigen, lebendigen und beseelten Wesen, die alle die
gleiche Lebensberechtigung und Würde haben wie wir selbst.

Aus dieser Perspektive ist der zentrale Satz in unserem Grundgesetz »Die Würde des Menschen ist unantastbar« ungenügend.
Vielmehr müsste er heißen: »Die Würde aller Lebewesen ist unantastbar.« [4]

Wie Seele und Verstand zusammenwirken können

Wenn wir in einer wirklichen Verbindung mit unserer Seele sind,
nutzen wir das machtvolle Instrument unseres Verstandes anders.
Es geht dann nicht mehr um die Frage, wie wir andere Wesen zu
unserem Vorteil benutzen können. Denn wenn wir liebend verbunden sind und die Würde des Lebens in allem spüren, werden
wir nicht mehr unser Wohl über das Wohl von anderen stellen
können. Wir würden ja auch nicht unsere Kinder für unseren
Vorteil ausbeuten oder schädigen.

Nein, wenn die Seele mit ihrer Verbundenheit und Würde im
Zentrum unseres Menschseins steht, geht es nur noch um die
Frage, wie wir das Miteinander in Vielfalt, was Leben zuinnerst
ausmacht, mit unserem Dasein und unserer Intelligenz als Mensch
unterstützen können. Unser Verstand agiert dabei nicht abgekoppelt von unserer Seele, sondern als machtvolles Werkzeug, das
seine Kreativität für aufbauende, konstruktive Prozesse einsetzt.
Erst wenn der Verstand sich der Seele unterordnet, nimmt er wieder seinen angestammten Platz ein und wird zu einem kreativen
Instrument des Friedens, der Demut und der Liebe.

Das ist freilich nicht ganz einfach und bleibt eine immer-
während Aufgabe. Denn die innere Verbindung herzustellen,
ist kein einmaliger Vorgang. Sie muss immer wieder neu gefühlt
und aktualisiert werden. Wir brauchen dazu im eigenen Leben

Besinnungsräume, wie die Meditation oder die Natur, in denen wir uns immer wieder in der Tiefe mit unserer Seele verbinden können. Und wir sollten auch in unserer Gesellschaft der Seele und der Herzensbildung viel mehr Wert beimessen. Das könnte bei den Kindern in der Schule beginnen. Denn wie wollen wir der gesamtgesellschaftlichen Aufgabe gerecht werden, dass der Verstand wieder mehr der Seele dient, wenn wir bereits bei unseren Kindern hauptsächlich kognitive Leistungen fördern?

Wann ist es geschehen, dass sich der Verstand von der Seele abgekoppelt und immer mehr zu einer expansiven Kraft entwickelt hat, die die Würde des Lebens missachtet und aus Profitgier verletzt? Wahrscheinlich gab es diese Tendenz schon immer. Sie mag seit der Aufklärung noch einmal zugenommen haben, da dem Verstand seit dieser Zeit eine besonders hohe gesellschaftliche Wertigkeit beigemessen wird. Doch wie gesagt, vermutlich ist die Gefahr, dass sich der Verstand von der fühlenden Seele und damit vom grundlegenden Wissen um das Eingebundensein abkoppelt, im Menschen angelegt.

Eine besondere Tragweite erhält dieser Vorgang dadurch, dass wir als Menschen seit der Industrialisierung derart machtvolle Maschinen zur Verfügung haben. Eine abgekoppelte Intelligenz, die nur das »Weiter, Schneller und die Expansion« im Sinn hat, schädigt inzwischen die Ökosysteme so massiv, dass sie sogar die Menschheit und das Leben auf der Erde in seiner Ganzheit bedroht. Wenn wir jetzt keine grundlegende Korrektur vornehmen und wieder der Seele mit ihrer Liebe und Würde den ersten Platz geben, werden »technische Korrekturen«, wie die Umstellung auf erneuerbare Energien, uns nicht wirklich retten können: Sie greifen zu kurz und lassen die tiefere Ursache außer Acht.

Fragen zur eigenen Reflexion

- Wie sehe ich die Beziehung zwischen Mensch und Natur? (Male ein Bild dazu oder visualisiere diese Beziehung.)

- Kann ich empfinden, dass Pflanzen und Tiere »fühlende Wesen« sind?

- Wie begegne ich Pflanzen oder Tieren, wenn sie fühlende Wesen sind und eine Würde haben?

- Was steht üblicherweise im Zentrum meines Lebens: der Verstand oder die Seele? Visualisiere die Beziehung zwischen Seele und Verstand fantasievoll.

- In welcher Situation habe ich mich tief verbunden gefühlt? Welchen Stellenwert hat der Verstand in diesen Momenten?

- Was unterstützt mich dabei, mich tiefer mit meiner Seele zu verbinden?

KAPITEL 3

Wir sind keine Opfer

*Habt ihr erst einmal erkannt, dass ihr selbst
der Urheber eurer Probleme seid, werdet ihr
den Schuldigen nicht mehr außerhalb von euch suchen.*

GENDÜN RINPOCHE[5]

Kürzlich war ich auf einer Demonstration von »Fridays for Future«. Es war bewegend, wie die jungen Menschen vorneweg zogen und mit jugendlichem Enthusiasmus ihren Wahlspruch schmetterten: »Wir sind hier, wir sind laut, weil ihr uns die Zukunft klaut.« Dieser Spruch war gut gewählt. Ich schaute mich um und sah Kinder und Jugendliche in jedem Alter vertreten. Sogar Babys wurden von ihren Eltern mitgetragen. Ich war zu Tränen gerührt. Ja, es stimmte. Diese unschuldigen Wesen sind jetzt da. Sie sind voller Hoffnung und Lebensmut auf dieser Welt angekommen und fordern nun lautstark und in aller Unschuld ihr Recht auf eine lebenswerte Zukunft ein.

Auch viele Erwachsene jeden Alters waren zugegen und zogen, meist schweigend, hinter dem lärmenden Kopf des Demonstrationszuges her. Wieso schwiegen die Erwachsenen? Wieso wagten sie es nicht, das Motto der Jugendlichen in den Mund zu nehmen, geschweige denn laut zu verkünden? Ich glaube, es lag nicht nur daran, dass Erwachsene nicht mehr so enthusiastisch sein können wie Kinder, sondern vor allen Dingen daran, dass jedem Erwachsenen, der einigermaßen reflektiert ist, dieser Satz im Hals stecken bleibt. Denn an wen richtet sich dieses Motto? Wer ist »ihr«?

An die Politiker, die eine Verantwortung für die kollektiven Strukturen und den notwendigen gesellschaftlichen Wandel tragen? An die Erwachsenen, die seit Generationen in den westlichen Industrienationen über ihre Verhältnisse leben, die dadurch die Ökosysteme schädigen und den zukünftigen Generationen eine ungeheure Last aufbürden?

Auch ich hätte es nicht gewagt, das Motto der Jugendlichen zu übernehmen. Beschämt muss ich mir nämlich eingestehen, dass auch ich mit meiner Art zu leben, eindeutig über dem Maß liege, und damit die natürlichen Ressourcen und das Klima belaste. Natürlich hat die Politik hier eine besondere Verantwortung und die Macht darüber, entscheidende systemverändernde Weichenstellungen vorzunehmen. Und es ist wichtig, die Politik hier in die Pflicht zu nehmen. Aber wir können die Verantwortung für den Klimawandel nicht auf die Politik oder die Wirtschaft abwälzen. Schließlich sind wir die Generation, die seit den 1960er-Jahren 66 % aller CO_2-Emissionen Deutschlands durch unseren historisch unvergleichlichen Lebenswandel verursacht hat.

Jeder einzelne Mensch trägt mit seinem Leben und seinem Verhalten seinen Anteil dazu bei, ob die Klimaerwärmung weiter zunimmt oder nicht. Das ist eine bittere Erkenntnis, birgt aber auch eine große Chance. Denn wenn jeder einzelne Mensch mit seiner Art zu leben ursächlich für die Klimakrise mitverantwortlich ist, dann hat auch jeder einzelne Mensch die Möglichkeit, seinen Lebensstil zu verändern und damit einen unmittelbaren Beitrag zur Lösung des Problems zu liefern.

Anders gesagt: Wir sind keine Opfer des Klimawandels. Wir sind die Täter. Dieses Eingeständnis ist der erste Schritt, um eine Veränderung einzuleiten. Von den Anonymen Alkoholikern wissen wir, dass ohne das Eingeständnis, Alkoholiker zu sein, kein Gesundungsprozess stattfinden kann. Wie wollen wir Verantwortung für unsere expansive und die Natur und das Klima belastende Art zu leben übernehmen, wie wollen wir uns ändern, wenn wir uns nicht eingestehen, dass wir selbst es sind, die unseren Kindern durch unser Verhalten die Lebensgrundlage entziehen?

Jeder einzelne Mensch trägt Verantwortung

Ein entscheidender Moment, der mich persönlich aufgerüttelt hat und mir meine Verantwortung für mein Verhalten bewusst gemacht hat, war, als mir plötzlich der Gedanke kam: »Was sage ich meinen Kindern, wenn sie mich eines Tages fragen, was ich getan habe, um die Klimakrise abzuwenden.« Wahrscheinlich werden sie irgendwann sagen: »Du hast es doch gewusst. Warum hast du dein Leben nicht geändert und warum hast du dich nicht dafür eingesetzt, dass sich grundlegende Strukturen verändern?«

Dieser Gedanke trifft mich tief. Schließlich bin ich in einer Generation aufgewachsen, die ihre Eltern gefragt hat, was sie gegen das menschenverachtende Regime des Nationalsozialismus getan haben. Auf diese Frage hatten unsere Eltern eine gute Ausrede. Sie konnten sagen, dass es gefährlich gewesen wäre, gegen das Regime aufzustehen. Diese Ausrede haben wir Erwachsene heute nicht. Wir haben nichts zu befürchten, wenn wir die eigenen Lebensgewohnheiten umstellen und uns politisch für einen ökologischen Wandel

einsetzen. Das Einzige, was wir dabei riskieren, ist unsere Bequemlichkeit und einen kleinen Teil unseres materiellen Wohlstandes.

Tatsächlich haben wir alle Freiheiten und alles Wissen dazu,
unser Leben so zu organisieren, dass wir in Zukunft deutlich weniger CO_2 ausstoßen. Und selbst wenn wir manches nur schwer
ändern oder vermeiden können, da wir mit unserem Leben auch
in gesellschaftliche Systeme eingebettet sind, haben viele Menschen die finanziellen Möglichkeiten, so viele Bäume aufzufors-
ten, dass sie ab heute klimaneutral leben können. Es liegt einzig
und allein an uns, ob wir uns unseren Lebensstil eingestehen und
dafür Verantwortung übernehmen oder nicht.

Doch genügt es, wenn wir unser individuelles Leben ändern
und ab morgen CO_2-neutral leben? Ist das nicht naiv, zu glauben,
wir könnten an der Dynamik der Klimawandels dadurch etwas
ändern, dass wir unseren Minibeitrag dazu leisten? Ist das nicht,
als ob wir versuchen, einen mächtigen Waldbrand zu löschen,
indem wir dagegen anpusten?

Diese Argumentation höre ich immer wieder. Was hat mein
kleiner Verzicht, keine Urlaube mehr mit dem Flugzeug zu
machen, für eine Bedeutung gegen den wachsenden Flugverkehr? Was macht es für einen Sinn, das eigene Leben umzustellen
und weniger CO_2 auszustoßen, wenn Milliarden von Menschen
in China und Indien immer mehr Wohlstand anstreben und entsprechend deren CO_2-Ausstoß zunehmen wird? Bin ich nicht einfach nur dumm, wenn ich mein Leben umbaue und einschränke,
obwohl es global betrachtet so gut wie keine Wirkung hat, ob ich
Verantwortung für mein Leben übernehme oder nicht?

Es ist heutzutage ein seltsames Phänomen, dass Menschen, die
über ihr eigenes Wohlbefinden hinausdenken und sich konsequent
für ein menschenwürdiges und ökologisches Leben einsetzen, als
»Gutmenschen« verunglimpft werden. Sie gelten schnell als naiv,
als Alternative, als Spinner. Ist das nicht eine wunderbare Ausrede,

um selbst nicht in den Spiegel zu schauen und keine unbequemen Konsequenzen ziehen zu müssen?

Betrachten wir diese Argumente genauer. Ja, es genügt nicht, das eigene Leben umzustellen und selbst klimaneutral zu leben. Um die Klimakatastrophe abzuwenden, müssen sich auch globale Strukturen verändern. Das ist ein politischer Prozess und es macht Sinn, an diesem Strukturwandel mitzuwirken, ihn einzufordern und sich öffentlich und politisch dafür einzusetzen.

Aber wie können wir uns glaubhaft für einen Strukturwandel auf einer gesellschaftlichen Ebene einsetzen, wenn wir selbst mit unserer Lebensweise nach wie vor über unsere Verhältnisse leben und die Würde des Lebens verletzen? Wie können wir fordern, dass große Systeme, die den globalen Brand ständig weiter anheizen, verändert werden müssen, wenn wir selbst weiterhin im Kleinen ständig Feuer legen?

Was kann ich schon ausrichten?

Die Erkenntnis, dass wir selbst mit unserer persönlichen Lebensweise zu der ökologischen Krise des Klimawandels beigetragen haben, ist bitter, sie kann aber auch befreiend wirken. Denn wenn wir uns bewusst werden, dass es durchaus einen Unterschied macht, wie wir persönlich leben, dann spüren wir wieder unsere Selbstwirksamkeit. Erst dort, wo wir Verantwortung übernehmen, fühlen wir uns nicht einem übermächtigen Geschehen ausgeliefert, sondern gewinnen unsere Macht zurück.

Das gilt für alle Situationen, die uns überfordern oder verletzen. Immer fühlen wir uns zunächst als Opfer der Umstände und entsprechend hilflos. Was kann ich schon tun, wenn meine Chefin beschließt, dass ich Überstunden machen muss? Wie kann ich mich schützen davor, dass mich eine Nachbarin entwertet? Wie soll ich mich stark fühlen, wenn ich durch eine schwere Krankheit mit einer großen Schwäche konfrontiert bin? Was kann ich schon tun gegen das Aussterben vieler Tier- und Pflanzenarten? Konfrontieren uns nicht all diese Situationen mit unserer Schwäche, unserer Kleinheit und Verletzlichkeit?

Solange wir uns nicht diese Gefühle der Hilflosigkeit als zutiefst menschlich und natürlich zugestehen, kämpfen wir dagegen an und fühlen uns als Opfer. Wenn wir jedoch den Schritt machen, unsere Überforderung und damit unsere Kleinheit anzuerkennen, kann sich eine innere Wandlung vollziehen: Wir finden unsere Selbstachtung wieder und spüren darin sehr deutlich, was unserer Seele kostbar ist. Plötzlich wird uns klar, was unsere innere Wahrheit in dieser herausfordernden Situation ist, und unabhängig davon, ob wir die äußere Situation, die Chefin, die Nachbarin, die Krankheit oder die globale Situation ändern können oder nicht, erfahren wir uns innerlich aufgerichtet und nicht mehr ausgeliefert.

Wir wissen jetzt in der Tiefe, was für uns in dieser Situation wesentlich ist und fühlen die Kraft in uns, das auch nach außen hin zu bezeugen und dafür einzutreten. Da wir in diesem Augenblick unsere Selbstachtung wiedergefunden haben, fühlen wir in uns eine starke Basis, die uns niemand nehmen kann. Daher können Menschen, die in Verbindung mit ihrer Würde und ihrer inneren Wahrheit sind, mit großer Klarheit und Kraft eine Position öffentlich vertreten, ohne dabei verletzend zu sein oder andere ins Unrecht zu setzen.

Innere Kongruenz und ihre Strahlkraft

Solange wir uns als Opfer der Umstände fühlen, haben wir das Gefühl, uns verteidigen zu müssen und treten entsprechend emotional auf. Wir sind wütend, vorwurfsvoll, haben kein Verständnis für andere Positionen und entwerten diese. Je tiefer wir jedoch in Verbindung sind mit unserer Würde und unserer inneren

Wahrheit, desto weniger emotional reagieren wir, da wir uns nicht mehr bedroht fühlen. Das gibt uns die Möglichkeit, einerseits offen zu sein und zuzuhören und andererseits das, was uns wesentlich ist – unsere innere Wahrheit –, zu vertreten.

Es entsteht eine innere Kongruenz mit uns selbst, die uns eine große Selbstsicherheit verleiht und nach außen ausstrahlt. Daher haben Menschen, die in Verbindung mit ihrer Seele und ihrer Würde sind, oft eine enorme Strahlkraft. Diese Strahlkraft beschränkt sich nicht nur auf die Worte dieser Menschen, sie betrifft auch ihre Handlungen. Denn diese vermitteln die gleiche Klarheit und Kongruenz und damit Schönheit wie ihre Worte.

Wenn es uns ein Anliegen ist, einen wirkungsvollen Beitrag zur Heilung unserer Erde zu leisten, dann dürfen wir nicht im Opfergefühl und in der Hilflosigkeit erstarren oder wütend Regierungen oder die Wirtschaft anklagen. Das hat keine Kraft, nicht für uns selbst und nicht für unser Anliegen. Wir müssen über unser Opfergefühl hinausgehen und unsere Würde und unsere seelische Wahrheit wiederentdecken. Nur von dort aus kann eine Erneuerung stattfinden. Nur von dort aus finden wir die Kraft und die nötige Klarheit, das eigene Leben in Übereinstimmung mit unserer seelischen Wahrheit zu verändern und gleichzeitig aus dieser inneren Integrität heraus in die Gesellschaft hineinzuwirken.

Denn um den großen Wandel in unserer Gesellschaft zu schaffen, brauchen wir in allen Schichten und in allen Positionen integre Menschen, die die Selbstsicherheit haben und den Mut aufbringen, in ihren Bezügen, in Politik, Wirtschaft und Verbänden, am Arbeitsplatz und in der Familie, Strukturen, die unsere Ökosysteme schädigen, zu hinterfragen und neue Wege zu wagen. Das ist nicht immer leicht und wird manchmal auch zu Konfrontationen führen, da dies auch für andere unbequem ist. Wenn wir dann nicht in unserer Würde und unserer Seele gegründet sind, werden wir nicht das Rückgrat haben, entscheidende Impulse zu setzen.

Fragen zur eigenen Reflexion

- Sehe ich mich als Opfer oder als Verursacherin des Klimawandels?

- Welche Empfindungen löst es aus, wenn ich mich als (Mit-)Verursacherin sehe? Scham- und Schuldgefühle oder Verantwortung und Bereitschaft?

- Erlaube ich mir grundsätzlich Gefühle von Überforderung und Schwäche? Wie steht es mit meiner Selbstachtung, wenn ich mich gerade schwach und hilflos erlebe?

- Habe ich das Gefühl, dass mein Beitrag zum Thema Klimawandel Sinn macht? Oder überwiegt das Gefühl, dass mein Beitrag sowieso unerheblich ist?

- Habe ich grundsätzlich das Gefühl, dass ich mit meinem Leben einen Beitrag fürs Ganze leiste, der einen Unterschied macht? Erfahre ich mich in meiner Selbstwirksamkeit? In welchen Bereichen erfahre ich sie?

KAPITEL 4

Können wir uns ändern?

Achte auf deine Gedanken,
denn sie werden Worte.

Achte auf deine Worte,
denn sie werden Taten.

Achte auf deine Taten,
denn sie werden Gewohnheiten.

Achte auf deine Gewohnheiten,
denn sie werden zum Charakter.

Achte auf den Charakter,
denn er wird dein Schicksal.

TALMUD[6]

Der Klimawandel bringt eine Vielzahl von Veränderungen mit sich. Um die CO_2-Emissionen deutlich zu senken, muss sich in den Bereichen Energiegewinnung, Landwirtschaft, Nahrung, Konsum und Mobilität ein grundlegender Wandel vollziehen. Die Fieberkurve der Erde fordert uns geradezu heraus, alle Lebensbereiche im individuellen Leben, aber auch in kollektiven Zusammenhängen,

auf den Prüfstand zu stellen und Fehlentwicklungen, die die Ökologie und damit unsere Lebensgrundlage belasten, zu korrigieren.

Wenn man anschaut, in wie viele Lebensbereiche der Klimawandel hineinspielt, und wie viele Veränderungsprozesse dadurch
für die einzelne Person, aber auch für uns als Gesellschaft, notwendig werden, dann stellt sich eine bange Frage: Können wir
uns wirklich so schnell und so radikal verändern? Können wir die
Korrekturen, die anstehen, in dieser kurzen Zeit (nämlich in den
nächsten acht Jahren, siehe Kapitel 1) schaffen? Im Moment gibt
es nämlich ein eklatantes Missverhältnis in Politik und Gesellschaft
zwischen der bereits bestehenden Einsicht in die Notwendigkeit
grundsätzlicher Korrekturen und den tatsächlich eingeleiteten
Veränderungen. Wie viele Menschen erkennen bereits den Klimawandel an und wie viele leben bereits konsequent ökologisch?

Wie schwer ist es doch, eingefahrene Muster zu verlassen!
Wir schaffen es oft nicht einmal, eigene Gewohnheiten, die uns
offensichtlich nicht guttun, zu beenden. Vielleicht haben wir ein
ungünstiges Ernährungsverhalten, kleine Süchte oder auch destruktive Kommunikationsmuster, die unsere Beziehungen belasten, und wir kommen manchmal trotz großer Bewusstheit nicht
dagegen an. Und jetzt soll es uns gelingen, in allen Lebensbereichen, individuell und kollektiv, in kurzer Zeit große Veränderungen einzuleiten?

Um die Herausforderung zu ermessen, die das bedeutet, muss
man sich bewusst machen, welchen Stellenwert Gewohnheiten
in der individuellen Existenz und im kollektiven Zusammenleben haben. Sie sind allgegenwärtig und entfalten eine ungeheure Macht, obwohl sie uns meist kaum bewusst sind. Genau
genommen ist es sogar so, dass eine Gewohnheit uns umso weniger bewusst ist, je tiefer sie eingespielt ist, und umso mächtiger
bestimmt sie unser Leben.

Wie Systeme einrasten

Wozu brauchen wir überhaupt Gewohnheiten? Was haben Muster für einen Sinn? Ist ein Leben ohne feststehende Muster überhaupt denkbar?

Wenn wir als Baby auf die Welt kommen, sind unser geistiges System und unsere Wahrnehmung noch vollkommen offen. In dieser totalen Offenheit können wir uns in jede Familie, in jede Sprache, in jede Gesellschaft, in jede menschliche Lebensform hineinentwickeln. Wir sind eben noch nicht festgelegt. Gleichzeitig sind wir in dieser Offenheit noch nicht selbst überlebensfähig. Im Gegensatz zu vielen Tieren, die zum Beispiel kurz nach der Geburt bereits mit der Herde mitlaufen können, ist der Mensch durch seine Offenheit lange Zeit äußerlich total abhängig.

Erst wenn das Kind in den ersten Jahren seines Lebens mehr und mehr grundlegende Muster entwickelt, wird es selbstständiger und gleichzeitig überlebensfähig. Wir entwickeln Wahrnehmungsmuster und lernen die Welt als konkrete Objekte zu erkennen. Wir bilden Bewegungsmuster aus und können uns dadurch irgendwann selbstständig durch die Welt bewegen. Wir entwickeln Kommunikationsmuster und lernen eine Muttersprache. Mit jedem Muster auf der körperlichen, geistigen, seelischen und sozialen Ebene nehmen unsere Selbstständigkeit und unsere Fähigkeit, in der Welt zu funktionieren, zu. Gleichzeitig nimmt aber auch unsere Offenheit ab.

Ein Muster auszubilden, also zu lernen, ist äußerst anstrengend und kostet viel Zeit und Energie. Was haben Kleinkinder nicht für eine ungeheure Aufgabe zu bewerkstelligen, um auf allen Ebenen diese Funktionsmuster auszubilden? Wenn wir jedoch ein Muster verinnerlicht haben, können wir es nutzen, ohne dass es uns viel Energie und Bewusstheit kostet. Das Muster verleiht uns eine große Effizienz, die ohne das Muster nicht möglich wäre. Solange wir uns innerhalb des Musters bewegen, brauchen wir so gut wie keine Energie und keine Bewusstheit mehr.

Daher ist es so ungeheuer verführerisch, innerhalb des Musters zu bleiben und solange es geht, ihm immer weiter zu folgen. Denn um neue Wege zu beschreiten, müssen wir wieder viel Zeit, Energie und Bewusstheit einsetzen, bis sich wieder neue Muster ausgebildet haben. Dabei sind wir in der Übergangsphase alles andere als effizient. Wir müssen sogar große Unsicherheiten in Kauf nehmen. Denn wie als Kind beim Erlernen der Fähigkeit, selbstständig zu gehen, werden wir zunächst viele Male stolpern, bis wir erste unsichere Schritte auf neuen Wegen gehen können. Muster machen uns also auch sicher, wogegen neue Wege uns abverlangen, dass wir uns einer grundlegenden Unsicherheit stellen.

All diese Faktoren – Effizienz, Energie- und Zeiteinsparung und Sicherheit – sind für uns sehr verlockend, wohingegen Ineffizienz, hoher Energie- und Zeitverbrauch und Unsicherheit als unangenehm wahrgenommen werden. Kein Wunder also, dass es eine große Tendenz gibt, dass Muster einrasten und uns mit der Zeit immer mehr bestimmen. Dieses Phänomen findet sowohl im individuellen Leben als auch in Gesellschaft, Politik und Wirtschaft statt. Auch in kollektiven Systemen entstehen Muster, die das Zusammenleben effizient machen, aber gleichzeitig in eine zunehmende Unfreiheit führen.

In der Systemtheorie spricht man davon, dass Systeme einrasten und unabhängig davon, ob sie sinnvoll sind oder nicht, kaum mehr verlassen werden können. Ein berühmtes Beispiel hierfür ist die Anordnung der Tastatur auf dem Computer, nämlich QWERTZ. Zu der Zeit, als diese Anordnung entstand, hatten die Schreibmaschinen eine sehr schlechte Mechanik und man durfte daher nicht zu schnell schreiben. Aus diesem Grund haben sich die Erfinder der Schreibmaschine eine Anordnung der Tastatur überlegt, die möglichst ungünstig ist und nur langsames Schreiben ermöglicht.

In der Frühphase der Entwicklung der Schreibmaschine gab es noch mehrere Systeme, wie die Tastatur angeordnet wurde, aber sehr schnell kam der Moment, in dem viele Schreibmaschinenhersteller die Anordnung QWERTZ nutzten, und das System rastete ein. Immer mehr Menschen lernten auf diesem System und obwohl schon bald die Mechanik von Schreibmaschinen immer besser wurde und daher keine Notwendigkeit mehr bestand, dass die Nutzer langsam schreiben mussten, schreiben wir bis heute auf dieser ungünstig angeordneten Tastatur.

Wie Systeme wieder aufbrechen

Gewohnheiten sind daher Segen und Fluch zugleich. Sie bilden sich in allen Lebensbereichen aus und ermöglichen es uns überhaupt erst, funktional und effizient zu sein. Sie legen uns aber auch fest, und unabhängig davon, ob sie irgendwann noch Sinn machen oder nicht, kostet es ungeheure Anstrengung, sie wieder zu verlassen und neue Wege zu beschreiten.

Wie schwer fällt es uns, das System der fossilen Energie zu verlassen, obwohl wir seit vielen Jahren wissen, dass wir damit die Umwelt belasten und gleichzeitig grundsätzlich die Technik der erneuerbaren Energien zur Verfügung haben. Trotzdem ist das System der fossilen Brennstoffe mit seinen weltweiten Ölraffinerien, mit seinem Tankstellennetz, mit den Heizungssystemen, den Autoantrieben und dem darin gebundenen Kapital seit vielen Jahren eingespielt und hält sich daher wider besseres Wissen selbst aufrecht.

Wie wir an diesem Beispiel sehen können, hat die grundsätzliche Einsicht nicht die Kraft, das System zu ändern. Das gilt für kollektive Systeme genauso wie für individuelle Muster. Aus bloßer Vernunft hat noch niemand zu rauchen aufgehört. Daher sind auch Appelle an die Vernunft oder die Einsicht von Menschen wenig hilfreich und verpuffen in der Regel.

Natürlich bereitet die Einsicht in den Sinn oder Unsinn bestimmter Muster die grundsätzliche Bereitschaft und damit den Boden dafür vor, dass Veränderungsprozesse entstehen können, und sind somit wegbereitend, aber der entscheidende Wandel kommt von woanders her. Erst dann nämlich, wenn das bestehende System so unsinnig geworden ist, dass es zusammenbricht, ist wieder die Freiheit da, neue Wege zu beschreiten.

Im Volksmund heißt es: »Der Krug geht so lange zum Brunnen, bis er bricht.« Diese Volksweisheit wird durch die Systemtheorie bestätigt. Der Zusammenbruch des Systems kann durch eine Katastrophe geschehen, wie es bei der Reaktorkatastrophe von Fukushima der Fall war, oder dadurch, dass sich das System überlebt hat. Wenn zum Beispiel irgendwann niemand mehr Tastaturen benutzt, weil mit Computern nur noch gesprochen wird, wird die Anordnung QWERTZ von selbst verschwinden.

Im Falle des Klimawandels und der damit notwendigen Veränderungen auf allen Ebenen können wir nicht auf die großen Katastrophen warten, denn die apokalyptischen Szenarien, wie die Überflutung von Küstenregionen oder die Entwicklung dahin, dass weite Teile der Erde unbewohnbar sind, werden erst zu einem Zeitpunkt eintreten, in dem der Prozess der Überhitzung der Erdatmosphäre unumkehrbar geworden ist.

Betroffenheit als Katalysator

Doch es gibt nicht nur die Möglichkeit, dass ein System äußerlich zusammenbricht, es kann auch zu einem inneren Zusammenbruch kommen. Betrachten wir das Beispiel eines Rauchers, der vielleicht seit vielen Jahren aufhören möchte. Die Einsicht in das gesundheitsschädigende Verhalten führt meist nicht dazu, dass die Person das Rauchen lassen kann. Wenn jetzt aber etwas geschieht, das die Person in einer besonderen Weise betroffen macht, kann auch ein jahrelang existierendes Muster durchbrochen werden.

Vielleicht stirbt ein naher Verwandter an Krebs, vielleicht entsteht ein stärkerer Leidensdruck durch eine eigene Krankheit oder durch eine tiefe innere Unzufriedenheit mit dem eigenen Leben. Es kann viele Auslöser geben. Entscheidend ist aber, dass eine innere Betroffenheit entsteht, die den Schleier all unserer Gewohnheiten und Sicherheiten durchdringt. Innere tiefe Betroffenheit, genauso wie tiefe seelische Berührung im positiven Sinne, hat die Kraft, dass alle funktionalen Muster für einen Augenblick lang aussetzen und wir im wahrsten Sinne des Wortes aufwachen. In diesem Moment sind wir frei und damit wieder offen. All unsere Muster sind hier außer Kraft gesetzt.

Eine tiefe Betroffenheit ist wie ein innerer Zusammenbruch unserer Muster und gibt uns damit die Freiheit, wieder zu spüren, was uns jenseits unserer Gewohnheiten in der Tiefe wesentlich ist. Da wir in dem Moment der Betroffenheit bereits das Muster durchbrochen haben, können wir es von hier aus manchmal abstreifen, wie eine alte Schlangenhaut, die zu klein geworden ist.

Ich kenne viele Erzählungen von Menschen, die in einem bestimmten Moment ihres Lebens eine so tiefe Betroffenheit oder auch positive Rührung verspürt haben, dass sie ab diesem Moment andere Lebenswege beschritten. Ich selbst habe mit Anfang zwanzig auf einer Reise in die Türkei einen solchen Moment erlebt, der mich veranlasst hat, auf der Stelle Vegetarier zu werden. Es gibt natürlich viele gute Gründe, Vegetarier zu werden, aber das alleine hätte mich nicht bewogen, mein Verhalten zu ändern. Das Erlebnis jedoch, wie Ziegen auf offener Straße geschlachtet wurden, indem ihnen die Kehle durchgeschnitten wurde und sie dann am Randstein liegend verbluteten, hat mich so unmittelbar getroffen, dass ich schlagartig wusste, dass ich in Zukunft kein Fleisch mehr essen werde.

Eine starke seelische Betroffenheit ist daher der entscheidende Katalysator, der bestehende Muster aufbrechen lässt und uns die Freiheit gibt, zu spüren, was uns wesentlich ist. Daraus kann die Kraft entstehen, Veränderungen herbeizuführen. Dieser Mechanismus wirkt nicht nur im persönlichen Leben, sondern gilt auch für kollektive Systeme. Wenn bestimmte Ereignisse genügend viele Menschen in einer Gesellschaft erschüttern, können sich auch eingefahrene kollektive Muster sehr schnell wandeln.

Als die Reaktorkatastrophe von Fukushima geschah, leitete die Regierung von Deutschland nicht nur den Ausstieg aus der Atomkraft ein, sondern in Baden-Württemberg, einem konservativen Land, in dem traditionell schon immer die CDU in die Regierung gewählt wurde, kam es zu einer erdrutschartigen Veränderung, und es wurde ein grüner Ministerpräsident gewählt. Ohne die Betroffenheit vieler Menschen durch die Reaktorkatastrophe wäre dies niemals möglich gewesen.

Wie Einsicht und Betroffenheit zusammenwirken

Was bedeuten diese Erkenntnisse für den inneren und äußeren Wandlungsprozess, der jetzt durch die Klimaverschiebung für den einzelnen Menschen und für die Gesellschaft ansteht? Zunächst ist es durchaus sinnvoll, die Einsichten der Wissenschaft durch Medien und Politik zu verbreiten. Wir brauchen seriöse Informationen darüber, was unser aktueller Lebensstil den Ökosystemen und damit auch dem Menschen antut. Wir müssen erfahren, was konkret das Klima anheizt und welche Alternativen es für den Einzelnen, aber auch für kollektive Systeme, in die wir alle eingebettet sind, gibt. Diese Informationen bereiten den Boden dafür, dass eine breite gesellschaftliche Akzeptanz für einen Veränderungsprozess geschaffen wird.

Dieses Wissen allein wird aber nicht genügen, um tatsächlich aus eingefahrenen Mustern auszusteigen und konkrete Veränderungen einzuleiten. Dazu brauchen wir im eigenen Leben und auch kollektiv eine tiefe Betroffenheit, die bestehende Muster aufbricht und uns damit aus dem Schlaf der Sicherheit und Bequemlichkeit, in dem wir uns befinden, aufweckt. Dieser Vorgang findet aber vor allen Dingen auf einer seelischen Ebene statt und nicht in unserem Denken. Wenn wir uns seelisch nicht von der drohenden Katastrophe oder von den bereits stattfindenden ökologischen Veränderungen erschüttern lassen, und wenn diese Erschütterung keine kollektive Dimension bekommt, haben wir keine Chance, uns so schnell und so radikal, wie es notwendig ist, zu ändern.

An dieser Stelle wird deutlich, warum die unter dem Namen »Fridays for Future« bekannt gewordene Initiative von Kindern und Jugendlichen eine so bedeutsame Bewegung ist und bereits mehr Veränderungsdruck bewirkt hat als alle Ergebnisse und Warnungen der Wissenschaftler zusammen. Wissenschaftliche Ergebnisse appellieren an unsere Einsicht, aber Kinder, die für ihre Zukunft auf die Straße gehen, rühren unser Herz. Hier geht es nicht mehr um Vernunft oder Einsicht, sondern um unsere Liebe zu unseren eigenen Kindern und deren Zukunft. Das rührt uns tief in der Seele an und rüttelt uns entsprechend wach.

An dem Beispiel »Fridays for Future« sehen wir deutlich, wie Einsicht und seelische Betroffenheit für sinnvolle Veränderungsprozesse zusammenwirken, denn ohne die breite wissenschaftliche Unterstützung würde zwar die Bewegung der Kinder uns berühren, aber noch nicht unbedingt einen Veränderungsprozess bewirken, der automatisch in eine sinnvolle Richtung geht. Es gab nämlich schon viele Revolutionen, die aus kollektiver Betroffenheit heraus entstanden sind und zum Beispiel das bestehende System einer Diktatur aufgebrochen haben, um dann in eine neue Diktatur zu münden.

Einsicht und Aufklärung sind also für konstruktive Veränderungsprozesse wichtig, aber ohne ein seelisches Aufgerüttelt-Werden ein zahnloser Tiger, der Systeme nicht verändern kann. Wenn es also zurzeit darum geht, im Eiltempo aus bestehenden ökologisch unsinnigen Systemen auszusteigen und neue, für unseren Planeten und alle Lebewesen gesündere Wege zu beschreiten, dann wird das nur gelingen, wenn möglichst viele Menschen durch den Klimawandel tief emotional berührt werden.

Dies kann eigentlich nur dadurch geschehen, dass wir auf vielfältige Weise die Kostbarkeit unserer Kinder und des Lebens hier auf dieser Erde ins Zentrum der Betrachtung stellen. Nur wenn wir in der Tiefe mit der Liebe, mit der Kostbarkeit und Zerbrechlichkeit des Lebens in Verbindung sind und diese spüren, und wenn wir die Betroffenheit darüber zulassen, wie gefährdet all das ist, was wir lieben, wird eine Kraft entstehen, die bestehende Gewohnheiten aufbricht und uns damit die Freiheit für konstruktive Veränderungsprozesse gibt.

Fragen zur eigenen Reflexion

- Welche Situation habe ich in meinem Leben erfahren, in der eine tiefe Betroffenheit oder eine positive innere Berührung eine Veränderungskraft bewirkt hat?

- Was macht mich persönlich am Klimawandel und seinen möglichen Auswirkungen besonders betroffen?

- Welche Gewohnheiten meines Lebens werden durch den Klimawandel infrage gestellt? Welche Gefühle löst das aus?

KAPITEL 5

Existenzielle Grenzen
und wie wir daran reifen

Die Krise ist ein produktiver Zustand,
man muss ihr nur den Beigeschmack von Katastrophe nehmen.

MAX FRISCH[7]

Betroffenheit ist wichtig. Ohne eine echte emotionale Beteiligung bewirkt eine Information keine wirkliche Veränderung in unseren neuronalen Verschaltungen. Der Hirnforscher Gerald Hüther schreibt in seinem Buch »Würde«: »Wenn uns nichts berührt, ändert sich auch nichts im Gehirn.« (Hüther, G., »Würde«, S. 12, Knaus) Doch wenn sich nichts im Gehirn ändert, ändert sich unser Verhalten auch nicht.

Daher ist der erste Schritt für einen persönlichen und auch gesellschaftlichen Wandel unseres Lebensstils, dass wir uns von den möglichen zukünftigen Auswirkungen des Klimawandels berühren und vielleicht sogar erschüttern lassen. Die Apokalypse, die unseren Ökosystemen droht, wenn wir keine schnellen und grundlegenden Korrekturen vornehmen, ist allerdings so groß, dass sie jede Vorstellungskraft sprengt. Wie in Kapitel 1 beschrieben, könnte die Welt bereits in 30 Jahren in sehr vielen Gegenden für den Menschen weitgehend unbewohnbar sein. Was dieses Szenario wirklich bedeutet, kann man nur erahnen.

Wer sich auf dieses Schreckensszenario einlässt, wird eine Betroffenheit solchen Ausmaßes verspüren, dass er in seiner Ganzheit erschüttert wird. Eine so tiefe Betroffenheit verschwindet jedoch nicht einfach wieder, sondern setzt seelische Prozesse in Gang. Die Seele versucht auf ihre Weise mit der Erschütterung umzugehen und sie zu integrieren. Dabei kann man typische Reaktionsweisen und Phasen beobachten, in denen der innere Verdauungsprozess abläuft.

Im Idealfall durchschreiten wir verschiedene Phasen der seelischen Integration, bis wir schließlich mit dem Ereignis, das uns erschüttert, im Einklang sind und eine persönliche Antwort darauf gefunden haben. Doch leider geschieht es häufig, dass Menschen in einzelnen Phasen stecken bleiben und es nicht zu einer seelischen Integration kommt. Besonders dann, wenn Menschen in ihrer seelischen Verarbeitung nicht begleitet werden und sich damit alleine fühlen, kann dies dazu führen, dass es zu keiner konstruktiven inneren Verdauung kommt und eine Person dauerhaft unter der Situation leidet. Das kann man zum Beispiel bei Menschen mit einer chronischen Traumatisierung beobachten. Es zeigt sich oft, dass das Bedrohungsgefühl, das durch die Ursprungssituation ausgelöst wurde, im Organismus über viele Jahre vorhanden bleibt.

Aus diesem Grund ist es ungeheuer wichtig, dass wir ein Verständnis davon bekommen, welche natürlichen Schritte ein seelischer Verdauungsprozess geht, damit er in eine konstruktive Verarbeitung münden kann, und wie wir diesen Prozess unterstützen können. Wenn sich die Erde nämlich in den nächsten Jahren weiter aufheizt und die Dramatik dieser Dynamik immer mehr Menschen erfasst und erschüttert, wird die Notwendigkeit, diese seelischen Prozesse zu verstehen und zu begleiten, zu einer großen kollektiven Aufgabe.

Was macht eine existenzielle Grenze aus?

Betrachten wir zunächst noch einmal den Ausgangspunkt für die innere Betroffenheit und für die folgenden Verarbeitungsphasen. Der Klimawandel konfrontiert uns bereits jetzt mit einer unumstößlichen Grenze. Die Vorhersagen der Wissenschaftlerinnen sind eindeutig: Entweder wir verändern in den nächsten Jahren radikal auf vielen Ebenen unseren Lebensstil, oder die zunehmende Erwärmung der Erdatmosphäre wird in den nächsten Jahrzehnten dazu führen, dass sich unser Leben auf allen Ebenen dramatisch verändern wird.

Wir haben also keine Wahl. Es wird in jedem Fall, freiwillig oder unfreiwillig, zu einem grundlegenden Wandel unseres Lebens kommen, oder anders gesagt: Ob wir wollen oder nicht, wir müssen uns ändern. Wir stoßen also als Menschheit an eine Grenze, die sich unserer Macht entzieht. Diese Art von Grenzen nennt man existenzielle Grenzen. Das Besondere bei dieser Art von Grenzen ist, dass wir nicht die Wahl haben, die Grenze zu überwinden oder sie zu erweitern, sondern uns nichts anderes übrig bleibt, als mit der Grenze Frieden zu schließen.

Ein Beispiel für eine existenzielle Grenze ist die Vergänglichkeit. Vergänglichkeit ist ein grundlegender Aspekt des Lebens selbst und besagt, dass alles, was entsteht, wieder vergehen muss. Jeder Atemzug, jeder Gedanke, jede Blüte und jedes Lebewesen wird vergehen. Und so ist auch unser persönliches Leben irgendwann zu Ende. An der existenziellen Gesetzmäßigkeit der Vergänglichkeit können wir nichts ändern. Wir haben nur die Wahl, Frieden damit zu schließen, dass das Leben so eingerichtet ist.

Und noch etwas macht das Beispiel der Vergänglichkeit deutlich: Existenzielle Grenzen sind nicht persönlich. Sie sind nicht gegen uns als Person gerichtet. Sie sind keine Strafe Gottes und beinhalten keine wie auch immer geartete Botschaft an uns. Sie sind vielmehr ein Grundaspekt des Lebens selbst und damit kollektiv.

Das bedeutet jedoch noch lange nicht, dass wir sie nicht persönlich nehmen, wenn wir selbst betroffen sind. Im Gegenteil. Kaum rückt uns zum Beispiel die Vergänglichkeit durch eine schwere Krankheit oder durch den Tod eines wichtigen Menschen ganz nahe, kommt uns unvermittelt die Unverrückbarkeit der Grenze voll zu Bewusstsein und erschüttert uns. Wir spüren plötzlich, welche Wucht in der Tatsache liegt, dass wir sterben werden, und ein seelischer Verarbeitungsprozess beginnt, der von jedem einzelnen Menschen selbst bewältigt werden muss.

Nichts anderes geschieht seelisch durch den Klimawandel. Die Tatsache, dass wir uns grundlegend ändern müssen, ist unumstößlich und alles andere als persönlich. Aber die Erschütterung, die diese Tatsache auslöst und die seelische Verarbeitung, die sich daraus ergibt, läuft in jedem Menschen individuell ab und ist dadurch sehr persönlich.

Wie Ohnmacht alte Gefühle aktiviert

Wie ein Mensch nämlich auf existenzielle Grenzen reagiert, hat weniger mit der Art der Begrenzung zu tun als vielmehr damit, welche prägenden Vorerfahrungen und welche konstitutionellen Verarbeitungsmuster in der Person vorhanden sind. Alle existenziellen Grenzen konfrontieren uns mit Ohnmacht und Überforderung. Da das Wesen einer existenziellen Grenze darin besteht, dass wir sie nicht ändern können, wird die Grenze als etwas Übermächtiges erfahren, das uns überrollt. In der ersten Phase der seelischen Verarbeitung stehen daher Gefühle des Ausgeliefertseins im Vordergrund.

Nun kommt es sehr darauf an, welche Grunderfahrungen diese Person mit Kontrollverlust, mit Ohnmacht und Überwältigt-Werden in sich trägt, denn diese Grunderfahrungen werden in diesem Moment aktiviert, und die alten Gefühle, die zu den prägenden Erlebnissen gehören, werden die Person vollkommen vereinnahmen. Wenn zum Beispiel ein Mensch in seiner Kindheit körperliche Gewalt erlebt hat, können durch die existenzielle Grenze des Klimawandels massive Ängste und Bedrohungsgefühle wieder an die Oberfläche kommen und zu einer inneren Lähmung oder Taubheit führen. Ein anderer Mensch, der in seinem Umfeld als Kind Verlassenheit und kein sicheres Gehaltensein erlebt hat, wird durch den gleichen Auslöser wahrscheinlich tiefe Haltlosigkeit verspüren. Wer aus der Kindheit starke Überforderungsgefühle kennt, wird sich auch durch den Klimawandel hilflos und vollkommen überfordert fühlen.

Was wir also fühlen, wenn wir an eine existenzielle Grenze wie den Klimawandel stoßen, ist sehr individuell. In jedem Fall müssen aber diese Gefühle, die durch die grundlegende Ohnmacht der existenziellen Grenze ausgelöst werden, in uns zugelassen werden, damit sie in einen konstruktiven seelischen Prozess münden können. Anders gesagt: Wir müssen sie uns erlauben. Wir dürfen uns zunächst hilflos, haltlos, verzweifelt, betroffen, ängstlich, verunsichert, voller Schmerz oder von der Größe der Apokalypse oder der Aufgabe erschlagen fühlen. Alle Gefühle, die hier auftauchen, müssen einen mitfühlenden Raum bekommen und im Idealfall auch von anderen Menschen aufgenommen und verstanden werden, nur dann kann die seelische Verarbeitung sich natürlich weiterentfalten.

Wenn die starken Gefühle, die durch die Ohnmacht ausgelöst sind, nicht zugelassen werden, kann die Person über lange Zeit in dieser Phase stecken bleiben. Dann wird sie chronisch von diesen Gefühlen bestimmt und es kann sich zum Beispiel eine Angstdepression entwickeln. Es steht tatsächlich zu befürchten, dass eine Welle von Depressionen und anderen psychischen Erkrankungen in unserer Gesellschaft Platz greift, wenn die Dynamik der Erderwärmung zunimmt und die damit einhergehende existenzielle Grenze in das Leben vieler Menschen mit Wucht einbricht.

Versuche der Abwehr

Mindestens genauso häufig wird es aber geschehen, dass Menschen sich unbewusst mit aller Kraft gegen die Ohnmacht und gegen die Gefühle, die hier auftauchen und sie zu überwältigen drohen, stemmen werden. Fast instinktiv setzen wir nämlich starke Abwehrmechanismen ein, um nicht im Strudel der bedrohlichen Gefühle unterzugehen.

Vielleicht leugnen wir den Klimawandel und retten uns in abstruse Ideologien, um die Grenze von uns fernzuhalten. Vielleicht ziehen wir die Grenze ins Lächerliche, um sie zu verharmlosen. Oder wir flüchten uns in Betäubungsmechanismen, in oberflächliche Unterhaltung und Süchte. Bei Menschen, die latent eine Suchttendenz in sich tragen, steigt der Suchtdruck sofort an, wenn starke unangenehme Gefühle aufzutauchen drohen. Daher ist auch zu erwarten, dass nicht nur Depressionen zunehmen werden, sondern auch Suchtprobleme, wenn die Dynamik des Klimawandels sich weiter entfaltet.

Schließlich gibt es aber nicht nur die Dynamik der Leugnung und der Betäubung, um der Ohnmacht zu entkommen, sondern auch des Kampfes gegen die Ohnmacht. In dem verzweifelten Versuch, sich gegen die Grenze zu wehren, kann dadurch Wut entstehen. Wut und Empörung sind mächtige emotionale Kräfte, die uns das Gefühl der Stärke vermitteln und sich dadurch besser anfühlen als der Strudel der Gefühle, der durch die Ohnmacht in uns auftaucht. Allerdings ist eine Stärke, die sich daraus speist, dass wir unsere Schwäche und unsere Kleinheit abwehren, keine konstruktive Kraft, denn sie bezieht ihre Stärke aus der Verneinung der Ohnmacht.

Solange wir wütend sind, haben wir in der Tiefe immer noch das Gefühl, ausgeliefert zu sein. Wir stecken weiter in der Problematik fest und der seelische Verarbeitungsprozess kann sich nicht vollziehen. Trotzdem kann die Wut uns zunächst das Gefühl einer inneren Sicherheit und Stärke vermitteln, vielleicht sogar das Gefühl, unangreifbar zu sein. Menschen, die wütend sind, fühlen sich im Recht. Sie fühlen sich moralisch überlegen, auch wenn sie sich gleichzeitig als Opfer erfahren. Daher hat die Wut für manche Menschen eine enorme Anziehungskraft.

Wir sehen bereits jetzt erste Bewegungen, die sich aus der Wut speisen, wie zum Beispiel die sogenannten Gelbwesten in Frankreich. Je mehr der Klimawandel zunimmt, desto mehr wütende Gesellschaftsbewegungen werden entstehen, die ein enormes Potenzial haben, Chaos zu stiften und das kollektive Zusammenleben zu stören. Die Wut und die damit einhergehende Empörung können sich dabei in alle Richtungen entfalten. Sie kann sich auf Klimaschützer richten, aber auch auf die Trägheit der Massen, der Wirtschaft oder der Politik. Sie kann sich massiv gegen Regierungen entladen, die sich entweder zu wenig oder zu viel für den Klimaschutz einsetzen. Immer gibt es dabei ein Feindbild, das sich aus dem inneren Opfergefühl heraus speist.

Gesellschaftlich geht von der Abwehrreaktion der Wut eine starke Gefahr aus, denn sie kann den notwendigen Umbau der Gesellschaft enorm stören und dadurch verzögern. Daher wird es eine große Aufgabe sein, sich auf Menschen, die in der Wut oder der Empörung gefangen sind, in einer Weise zu beziehen, die ihnen hilft, aus der Falle der Negation wieder herauszukommen. Das kann nur gelingen, wenn wir uns für die Wut des Einzelnen, aber auch für die Wut von ganzen Bewegungen öffnen

Was verteidigt die Wut — was ist kostba[r]

und dabei nicht nur auf das schauen, wogegen sich die Wut in ihrer zerstörerischen Art richtet, sondern uns wirklich dafür interessieren, was der Person (oder der Bewegung) am Herzen liegt. Anders formuliert: Wir dürfen die Person nicht fragen, was sie stört, sondern müssen sie fragen, wofür die Wut im positiven Sinne eintritt.

Wenn ein in der Wut gefangener Mensch innerlich wieder spürt, was ihm kostbar ist und was die Wut verteidigt, können der eigentliche Schmerz und die Ohnmacht wieder auftauchen, die abgewehrt wurden. Erst dann ist die Basis dafür gegeben, dass sich der seelische Verarbeitungsprozess in eine konstruktive Richtung und damit in eine bejahende Kraft weiterentwickeln kann.

Das Tor der Kapitulation

Letztlich gibt es keinen Weg an der Ohnmacht vorbei. Wie sehr wir auch gegen die Ohnmacht ankämpfen, sie bleibt unverrückbar bestehen, da sie ja in einer existenziellen Grenze gründet. Können wir zum Beispiel die Tatsache der Vergänglichkeit verändern? Egal ob wir uns dadurch bedroht fühlen oder uns mit Süchten betäuben oder mit aller Macht dagegen ankämpfen und uns an Objekten oder am Leben festklammern, an der Gesetzmäßigkeit der Vergänglichkeit ändert sich nichts.

Genauso unumstößlich ist die Grenze im Klimawandel. Unser Leben wird sich verändern, ob wir wollen oder nicht. Ob wir das ablehnen und dagegen wüten, ob uns das Angst macht oder ob wir dabei in Depression versinken, spielt letztlich keine Rolle. Wir müssen uns als Einzelperson und als Gesellschaft dieser Grenze stellen und sie anerkennen. Das ist der nächste und entscheidende Schritt einer seelischen Integration.

Dieser Schritt ist jedoch nicht so einfach, wie er im ersten Moment scheint. Denn wie bei allen existenziellen Grenzen, die plötzlich mit großer Wucht in unser Leben treten, ist auch der Klimawandel eine unerwünschte Grenze, also etwas, das in unser Leben unerwartet einbricht. Insofern ist es höchst natürlich, dass wir zunächst mit starken Gefühlen des Ausgeliefertseins reagieren oder uns dagegen wehren. Der Schritt, die Ohnmacht an dieser Grenze anzuerkennen, kommt einer Kapitulation gleich.

Typischerweise sind die Begriffe »Ohnmacht« und »Kapitulation« in unserer Kultur negativ besetzt. Doch wenn wir sie genauer betrachten, werden wir entdecken, dass sie nicht unsere Feinde sind, wie zunächst die meisten Menschen denken, sondern im Gegenteil: die Tore zu einer inneren Verwandlung.

Was ist Ohnmacht? Ohnmacht empfinden wir immer dann, wenn das kleine Ich mit seinen Vorstellungen an die Grenzen der Beherrschbarkeit des Lebens stößt, also ohne Macht ist. Der Moment der Ohnmacht und des Überwältigt-Werdens signalisiert daher nur, dass unsere Illusion von Machbarkeit zerbricht und es um nichts anderes geht, als zu kapitulieren.

Auch der Vorgang der Kapitulation wird meist nicht in seiner wahren Bedeutung verstanden. Helden scheinen immer Figuren zu sein, die Grenzen überwinden und sie nicht anerkennen, dadurch wird Kapitulation als Zeichen von Schwäche ausgelegt. Kapitulation bedeutet jedoch lediglich die Anerkennung unserer Begrenztheit und unserer Kleinheit. Was gibt es Intelligenteres (und vielleicht auch Mutigeres), als das anzuerkennen, was wir sind? Und doch braucht es oft erst Situationen, in denen etwas massiv in unsere Welt einbricht, in denen wir buchstäblich überwältigt werden, bis wir uns in die Machtlosigkeit ergeben – also kapitulieren.

Ohne echte Kapitulation und ohne den Kontrollverlust, der damit einhergeht – also die Erfahrung, die Dinge nicht mehr im Griff zu haben –, bleiben wir in der kleinen Welt unseres Ichs gefangen und haben keine Möglichkeit, Frieden mit der existenziellen Grenze zu schließen.

Einklang und die Weisheit, die sich daraus entfaltet

Die meisten Menschen denken, dass die Kapitulation an einer existenziellen Grenze das Ende bedeutet. Doch das stimmt nicht. Es ist vielmehr der Beginn von etwas ganz Neuem. Wenn wir uns nämlich dem Prozess der Kapitulation ausliefern und die gefühlte Enge und den Kontrollverlust, der hier entsteht, durchschritten haben, wird es innerlich plötzlich still und weit. Der Kampf ist vorbei und wir fühlen einen (zunächst etwas seltsam anmutenden) Einklang mit dem Leben. Alle Emotionen, die uns vor Kurzem noch besetzt haben, schweigen hier.

Das Tor der Kapitulation führt uns nicht ins Verderben, sondern ist ein Tor in eine tiefere Verbindung mit uns selbst. Das kleine Ich mit seinen Vorstellungen tritt zurück und die Seele, die in der Tiefe unseres Menschseins existiert und mit den Gesetzmäßigkeiten des Lebens im Einklang ist, offenbart sich uns. Wenn wir von hier aus auf die existenzielle Grenze des Klimawandels schauen, fühlt sie sich nicht mehr als Bedrohung an, sondern als natürliche Ausgleichsbewegung des Lebens.

Ist es nicht natürlich, dass die Natur nach einer langen Phase, in der die Menschheit über ihre Verhältnisse gelebt und die Ökosysteme belastet hat, diesen Prozess jetzt reguliert und damit die Menschheit zwingt, sich wieder einzufügen? Unsere Seele kann dies plötzlich fühlen und dieser natürlichen Veränderung zustimmen. Daher sehen wir den Klimawandel, wenn wir durch das Tor der Kapitulation gegangen sind und unsere Widerstände abgestreift haben, mit neuen Augen.

Die Zustimmung und der Einklang, die durch diesen seelischen Prozess gefühlt werden, bedeuten jedoch nicht, dass wir unsere Hände in den Schoß legen und in Zukunft tatenlos zuschauen. Im Gegenteil. Erst jetzt haben wir die Möglichkeit, individuelle Antworten in uns heranreifen zu lassen, die sich annehmend und konstruktiv auf den Klimawandel und die Notwendigkeit einer Veränderung beziehen.

Es ist immer wieder erstaunlich, zu beobachten, wie Menschen zu ganz eigenen authentischen und kreativen Antworten und Handlungen finden, nachdem sie durch den Prozess der Kapitulation gegangen sind. Die Seele scheint ein unerschöpfliches Reservoir an Kreativität und Weisheit zu bergen, das sich aber erst dann entfalten kann, wenn unsere begrenzten Vorstellungen und die damit einhergehenden Widerstände schweigen.

Vielleicht sind wir jetzt bereit, konsequent ein Leben im Einklang mit den ökologischen Systemen zu führen, in die wir eingebettet sind. Vielleicht setzen wir uns auf eine konstruktive Weise dafür ein, den Wandel in unserer Gesellschaft zu unterstützen und finden dafür kreative Wege. Vielleicht öffnet sich unser Mitgefühl für alle Menschen, die durch die Wucht der Veränderungen im Zuge der Klimaverschiebungen mit seelischen Prozessen und Widerständen kämpfen und wir entschließen uns, diesen Menschen beizustehen.

Es gibt viele Wege, wie wir den Wandel in unserer Gesellschaft konstruktiv mit unseren persönlichen Fähigkeiten und an dem Platz, an dem wir leben und wirken, unterstützen können. Wenn unser Geist und unser Herz nicht mehr durch Widerstände und Emotionen getrübt sind, werden sich individuelle Antworten, die für unser Leben und unsere Seele stimmig sind, herauskristallisieren.

Die Bedeutung einer seelischen Begleitung

Vielleicht können Sie als Leserin nach diesem Kapitel noch einmal deutlicher ermessen, dass der Klimawandel nicht nur eine äußere Herausforderung ist, die uns dazu zwingt, individuelle und kollektive Verhaltensweisen zu reflektieren und zu korrigieren. Er ist mindestens genauso eine seelische Herausforderung für den Einzelnen und für die Gesellschaft im Ganzen. Wenn nämlich die seelischen Prozesse, die durch die großen Veränderungen des Klimawandels ausgelöst werden, nicht zu einem konstruktiven Verarbeitungsprozess führen, bei dem die Einzelnen letztlich in eine bejahende Kraft, zu neuem Mut und zu individuellen Antworten finden, dann wird auch der äußere Umbau unserer Gesellschaft kaum in der Schnelligkeit stattfinden können, wie es die zunehmende Erderwärmung anmahnt.

Aus diesem Grund scheint es mir absolut notwendig, Menschen nicht nur über den Klimawandel aufzuklären oder durch Aktionen und Bewegungen seelische Betroffenheit zu erzeugen, sondern auch Angebote einzurichten, in denen Menschen die Möglichkeit haben, ihren individuellen seelischen Verarbeitungsprozess zu vollziehen und darin begleitet zu werden. Das kann in Einzelgesprächen stattfinden, aber noch mehr bieten sich Workshops an, in denen gezielt die Ohnmacht und die individuellen Gefühle und Reaktionen, die sich daraus ergeben, eingeladen und ausgetauscht werden können. Durch spezielle Übungen kann dann der Prozess der Kapitulation und der inneren Hingabe unterstützt werden, bis sich eine seelische Integration einstellt und authentische Antworten sich offenbaren. In Kapitel 9 werde ich konkrete Möglichkeiten beschreiben, wie ein solcher Workshop aufgebaut sein könnte.

Fragen zur eigenen Reflexion

- Welche grundlegende Ohnmacht bewirkt der Klimawandel in mir? Welche Gefühle tauchen hier auf? Kann ich mir diese Gefühle gestatten und ihnen Raum geben?

- Woher kenne ich diese Gefühle noch? Welche prägenden Lebenserfahrungen liegen diesen Gefühlen zugrunde?

- Welche typischen Abwehrreaktionen kenne ich von mir? (Z. B. Verleugnung, Betäubung, Kampf und Wut)

- Wie äußern sich diese Abwehrreaktionen und was bewirken sie in mir und in meinen Beziehungen?

- Welche innere Beziehung habe ich zur Kapitulation und zum Kontrollverlust?

- In welchen Situationen habe ich Kontrollverlust als traumatisch erlebt? Welche Grundüberzeugungen habe ich daraus gebildet?

- In welchen Situationen habe ich Kapitulation als befreiende oder heilsame Wandlung erfahren?

- Wenn ich der Ohnmacht, die durch den Klimawandel entsteht, tief zustimme und mich ihr innerlich vertrauensvoll überlasse, was breitet sich dann aus?

- Wie schaue ich von hier aus auf den Klimawandel?

- Welche individuellen Antworten entstehen jetzt auf die Herausforderung des Klimawandels?

- Wo könnte ich Unterstützung und Verständnis für den inneren Prozess bekommen? Von wem könnte ich mich dabei begleiten lassen?

KAPITEL 6

Müssen wir verzichten?

Schaffe ich es, auf viele überflüssige Nebensächlichkeiten
zu verzichten, um ein einfacheres Leben zu wählen?
Nicht der Besitz, die Gier oder der Überfluss
sind essenziell für das Leben, sondern die Liebe,
die Nächstenliebe und die Einfachheit.

PAPST FRANZISKUS[8]

Das moderne Leben hat eine Menge an Annehmlichkeiten hervorgebracht. Wir müssen das Geschirr nicht mehr mit der Hand abwaschen, wir können jederzeit bequem und trocken mit dem Auto überall hinfahren und wir können fast von jedem Ort aus mit dem Smartphone Nachrichten abrufen und kommunizieren. Das Versprechen der Industrie, dass unser Leben dadurch einfacher wird, ist jedoch bei näherer Betrachtung eine Mär. Das Leben wird stattdessen zunehmend komplexer. Der Computer zum Beispiel hat unser Leben nur scheinbar vereinfacht. Er gibt uns die Möglichkeit, unzählige Funktionen selbst zu bedienen. Dadurch gewinnen wir nicht mehr Zeit, sondern es eröffnet sich eine Welt der Möglichkeiten und wir sind aus diesem Grund ungleich mehr beschäftigt.

Auch die Konsumgüter der modernen Welt bilden nicht nur unsere grundlegenden Bedürfnisse ab, sondern generieren eine Vielzahl von neuen Bedürfnissen. Brauchen wir wirklich jede Saison neue trendige Kleider? Oder immer wieder ein neues Sportgerät, einen neuen Film oder eine Reise in ein unbekanntes Land? Brauchen unsere Kinder ständig neue Spielsachen und neue Erlebnisangebote? Die Logik einer Welt des Konsums ist ganz einfach. Sie verspricht uns nicht nur viele Annehmlichkeiten, sondern vor allem, dass wir die Langeweile und das Gefühl von Mangel aus unserem Leben verbannen können, wenn wir nur ständig neue Produkte konsumieren. Stimmt das wirklich?

Eine Welt, die fortwährend komplexer wird und mehr und mehr Bedürfnisse hervorbringt, hat jedoch nicht nur oberflächliche Annehmlichkeiten zu bieten, sondern auch ihre Schattenseiten, die durch den Klimawandel offensichtlich werden. Denn die Zunahme an Möglichkeiten und Konsumgütern führt dazu, dass der moderne Mensch ungleich mehr Ressourcen und Energie benötigt, als ihm eigentlich zur Verfügung stehen. Inzwischen verbraucht die Menschheit mit ihrer Lebensweise bereits im ersten Halbjahr alle Ressourcen, die in einem Jahr auf der Erde neu gebildet oder regeneriert werden können. Und wie nicht anders zu erwarten, verbrauchen die Menschen in der westlichen Welt proportional besonders viele Ressourcen. Das bedeutet, dass wir derzeit bereits im Mai eines jeden Jahres auf Kosten zukünftiger Generationen leben und konsumieren.

Unsere Kinder und Enkel werden in Zukunft noch viel weniger Ressourcen auf der Erde zur Verfügung haben als wir. Dabei ist der Klimawandel noch gar nicht eingerechnet. Der unmäßige Hunger nach Energie, der von Jahr zu Jahr steigt, hat eine Entwicklung in Gang gesetzt, bei der wir heute den Nutzen des Energieverbrauchs bedenkenlos genießen, aber die tatsächlichen Kosten dieses Konsums auf zukünftige Generationen abwälzen, denn sie werden die Folgen des CO_2-Ausstoßes zu tragen haben. Das Umweltbundesamt rechnet vor, dass die tatsächlichen Kosten von einer Tonne CO_2 aktuell (im Jahr 2019) bei 185 € liegen. Wenn die heutige Generation der Erwachsenen diese Kosten nicht einrechnet und jetzt bezahlt, werden sie von unseren Kindern bezahlt werden müssen, entweder dadurch, dass sie ein Vielfaches dieser Kosten zu tragen haben oder dadurch, dass sie mit gravierenden Einbußen ihrer Lebensqualität rechnen müssen.

Wir leben und konsumieren zurzeit bedenkenlos auf Kosten unserer Kinder. Die meisten Menschen sind sich dieser Dynamik nicht wirklich bewusst und die meisten Eltern leben weiterhin in dem Gefühl, dass sie das Beste für ihre Kinder tun. Sie achten auf gute Ernährung, auf die Sicherheit und die Bildung ihrer Kinder. Wahrscheinlich würden sie alles für sie tun. Doch tatsächlich sind wir mit unserem unmäßigen Konsumverhalten dabei, die Lebensgrundlage für zukünftige Generationen auf dieser Welt gravierend zu schädigen und damit das Leben unserer Kinder und Enkel massiv zu belasten. Können wir so weiterleben, wenn uns das bewusst ist?

Die Logik des Konsums

Was ist die Konsequenz, wenn wir uns ernsthaft klarmachen, dass wir über unsere Verhältnisse leben und dabei zukünftige Generationen belasten? Übertragen wir doch einmal diese Situation auf unseren Privathaushalt: Stellen wir uns vor, wir würden mehrere Jahre lang für Konsum mehr ausgeben, als wir einnehmen. Ein Schuldenberg würde sich anhäufen. Um nicht einen totalen Crash zu erzeugen, der dann nicht nur unsere Finanzen, sondern all unsere Lebensbereiche betreffen würde, müssten wir uns wohl oder übel stark einschränken.

Verzicht oder vielleicht besser der altertümliche Begriff des »Maß-Haltens« ist daher das Gebot der Stunde und gleichzeitig ein Schreckgespenst, das im Zuge des Klimawandels plötzlich eine Aktualität gewinnt und die Medien und die Politik beschäftigt. Müssen wir wirklich verzichten? Uns einschränken und viele Bequemlichkeiten aufgeben? Dürfen wir keine Urlaube mit dem Flieger mehr machen? Sollen wir die Geschwindigkeit auf deutschen Straßen beschränken? Können wir keine Ananas und keine Avocado mehr kaufen? Sollen wir wirklich auf neue Konsumgüter verzichten?

All diese Maßnahmen scheinen im Zuge der Klimakrise tatsächlich sinnvolle Einschränkungen zu sein, widersprechen aber gleichzeitig der Logik des aktuellen Wirtschaftssystems. Dieses ist auf fortwährendes Wachstum aufgebaut und nicht darauf, im Einklang mit den natürlichen Bedürfnissen der Menschen und im Einklang mit den Ökosystemen zu stehen. Genügsamkeit erscheint aus dieser Perspektive als Rückschritt und nicht als natürliche organische Ausgleichsbewegung.

In der Natur können wir beobachten, wie natürliches Wachstum aussieht. Wenn wir zum Beispiel einen Baum betrachten, dann sehen wir, dass es im Wechsel der Jahreszeiten Phasen des Wachstums und Phasen des Stillstandes gibt, in denen alles »Äußere« abgeworfen wird und eine Sammlung auf das Wesentliche – auf den Stamm und die Wurzel – erfolgt. Ist es wirklich undenkbar, dieses Prinzip eines organischen Wachstums – mit seinen Phasen von Erneuerung einerseits und von Rückzug und Besinnung auf das Wirtschaften andererseits – auf unsere Gesellschaft zu übertragen?

Doch die Möglichkeit des Verzichts scheint nicht nur in unserem Wirtschaftssystem ein »No-Go« zu sein, auch in unserem Privatleben regiert oft nur eine Maxime: Es soll uns von Jahr zu Jahr »besser« gehen, was nichts anderes als ein mehr an Konsum bedeutet. Für viele Menschen ist es unvorstellbar, aus dieser

Dynamik auszusteigen und sich selbst zu beschränken. Das Wort »Verzicht« hört sich für sie nach Mangel an. Selbstbeschränkung scheint immer einen Verlust an Lebensqualität zu beinhalten und wird intuitiv abgelehnt.

Solange wir Verzicht mit einem Verlust an Lebensqualität assoziieren, werden wir nicht bereit sein, unser Konsumverhalten umzustellen und mehr im Einklang mit den tatsächlichen ökologischen Ressourcen, die uns zur Verfügung stehen, zu leben. Die Suche nach Erfüllung unserer Bedürfnisse ist ein so starker Antrieb und so tief in unserem Organismus und im Unbewussten verankert, dass er jede Vernunft außer Kraft setzt. Solange wir Erfüllung an unser Konsumverhalten koppeln, werden wir aus diesem Mechanismus wohl kaum aussteigen können.

Von Bedürfnissen und Ersatzbefriedigungen

Müssen wir verzichten? Ja. Wenn wir nicht aktiv daran mitwirken wollen, auf eine unmäßige Weise die Ressourcen unserer Erde zu verbrauchen und die Erderwärmung weiter anzuheizen, wird uns nichts anderes übrig bleiben. Wird dadurch unser Leben ärmer? Nein, keineswegs. Es wird dadurch einfacher und diese Einfachheit bietet uns sogar einen Zuwachs an Lebensqualität und Erfüllung. Die Genügsamkeit, die durch den Klimawandel von uns gefordert ist, betrifft nämlich nur die Quantität, also das Viele eines konsumorientierten Lebens, nicht die Qualität und Intensität unseres Lebens.

An dieser Stelle wird abermals deutlich, dass die Erderwärmung nur oberflächlich betrachtet eine äußere Dynamik ist, die uns herausfordert, unsere maßlose CO_2-Freisetzung zu überdenken und zu korrigieren. Tiefer betrachtet macht uns diese ökologische Krise aber auf eine innere Dynamik aufmerksam, bei der wir unsere wahren Bedürfnisse aus dem Blick verloren haben und uns immer mehr in Scheinbedürfnissen des Konsums bewegen. Sie hat damit das Potenzial, uns innerlich aufzuwecken und eine Rückbesinnung auf unsere tatsächlichen Bedürfnisse zu bewirken. Dadurch kann ein innerer Wandel erfolgen: von der Orientierung an Quantität hin zur Orientierung an echter Lebensqualität, vom Vielen und davon Vollsein, hin zu einer Fülle, die sich aus unseren natürlichen Bedürfnissen und dem Wenigen ergibt.

Ist das nicht verlockend? Wir suchen doch im Grunde nach Erfüllung und nicht danach, unsere Wohnung mit vielen Dingen vollzustopfen. Wir sehnen uns doch innerlich nach Intensität, nach dem Gefühl, ganz im Augenblick lebendig zu sein, und nicht danach, der Lebendigkeit von anderen Menschen im Fernsehen zuzusehen. Wir wissen doch zutiefst, dass uns nur die Qualität eines echten und tiefen Kontakts mit einem anderen Menschen erfüllt und nicht die Menge der Kontakte über soziale Netzwerke. Ist es dann so schwer zu erkennen, dass die Versprechung der Werbung, durch die Vielzahl an Möglichkeiten und die Menge an Konsum würde immer mehr Erfüllung in unser Leben kommen, ein Irrweg ist?

An diesen Beispielen sehen wir exemplarisch, wie die Industrie grundlegende natürliche Bedürfnisse aufgreift und dafür jede Menge Ersatzbefriedigungen anbietet. Im ersten Moment scheint es naheliegend zu sein, wenn es gerade langweilig ist, den Fernseher anzuschalten und dem Leben anderer Menschen zuzuschauen. Aber tatsächlich werden wir dadurch nicht lebendiger, sondern noch unlebendiger. Genauso scheint es natürlich, dass wir die Möglichkeiten moderner Kommunikation wie WhatsApp und Facebook dazu nutzen, um dem Bedürfnis nach Kontakt und Verbundenheit nachzugehen. Doch leider hat dies mit der Zeit die gegenteilige Wirkung. Die zunehmende Aktivität über mediale Kommunikation führt dazu, dass das Erleben von Verbundenheit immer oberflächlicher wird und die seelische Verbindung zu uns selbst systematisch abnimmt.

Wenn wir also echte Erfüllung im Leben suchen, müssen wir zwischen unseren natürlichen Grundbedürfnissen und künstlichen Ersatzbefriedigungen unterscheiden lernen. Das ist leider alles andere als selbstverständlich, denn oft werden bereits den Kindern heutzutage so viele Ersatzbefriedigungen angeboten, dass ihre eigentlichen Bedürfnisse im Dschungel des Konsums und der Ablenkungen untergehen.

Bemerkenswert ist, dass die grundlegenden Bedürfnisse unseres Körpers und unserer Seele meist sehr einfach sind und keines großen Aufwands bedürfen. Wir sehnen uns nach Entspannung. Brauchen wir dazu wirklich immer neue und noch größere Saunaparks, Entspannungsbäder und spezielle Liegen? Wir haben Freude an der Bewegung. Aber sind dazu wirklich aufwendige Sportarten mit all ihren Spezialausrüstungen nötig? Wir lieben und brauchen den Kontakt mit Menschen. Glauben wir wirklich, dass uns die Menge an Kontakten über WhatsApp eine herzliche Umarmung ersetzen kann? Wir wissen heute aus der neurologischen Forschung, dass das Verbundenheitsgefühl für den gesamten Organismus heilsam ist. Doch nicht die Quantität an Freunden lässt das Verbundenheitsgefühl entstehen, sondern die Qualität und Innigkeit der Kommunikation mit wenigen Menschen.

Wahrscheinlich könnten wir in jedem Lebensbereich, den wir auf diese Weise betrachten, unter all den aufwendigen Konsumgütern sehr einfache und grundlegende Bedürfnisse entdecken. Noch erstaunlicher ist, dass diese vielfältigen Möglichkeiten und Angebote des Konsums, die uns so viel Geld, Zeit und Energie kosten, bei Licht betrachtet die eigentlichen Bedürfnisse meist nur ungenügend oder gar nicht befriedigen. Ist es dann wirklich ein Verzicht, wenn wir uns wieder mehr auf unsere wahren Bedürfnisse besinnen?

Stellen wir uns doch einmal exemplarisch vor, wie es wäre, wenn sich das Bedürfnis nach Entspannung meldet, und wir, statt mit dem Auto viele Kilometer in eine Saunalandschaft mit all ihren energieträchtigen Anwendungen zu fahren, einen Spaziergang im nahen Wald genießen oder uns auf eine Wiese in die Sonne legen und dabei entspannen. Wie einfach kann es doch sein, unsere natürlichen Bedürfnisse zu befriedigen. Und wie viel Geld, wie viel Energie und vor allem wie viel CO_2 würden wir dabei einsparen?

Mangel und innere Fülle

Kennen wir nicht alle Momente, in denen wir auf der Wiese sitzen, in den Himmel schauen und spüren, dass das Dasein genug ist? Momente, in denen wir uns zutiefst lebendig fühlen und der Augenblick eine Intensität und Dichte hat, ohne dass wir ein Event besuchen? Haben wir nicht auch schon innerlich eine tiefe Verbundenheit erfahren, ohne dass wir etwas von anderen dazu bräuchten? Wie kommt es, dass wir manchmal innerlich erfüllt sind, obwohl äußerlich nichts Besonderes los ist?

Die meisten Menschen in unserer Kultur sind sich nicht bewusst, dass die eigentliche Quelle für tiefes Erfülltsein nicht im Außen zu finden ist, sondern in uns. Das, wonach wir uns sehnen, ist potenziell immer in unserer Seele vorhanden. Wir sind nur eben meist nach außen orientiert und darauf fixiert, dass die Erfüllung von Bedürfnissen nur durch äußere Umstände und andere Menschen erfolgen kann. Darüber vergessen wir, dass sie eigentlich von innen kommt.

Wie ein Bettler, der auf einer Schatzkiste sitzt, aber seinen Blick und seine Hoffnung nur auf die vorübereilenden Passanten richtet, richten auch wir unseren Blick auf alles, was vielleicht unseren Mangel stillen könnte, und sind dabei so mit Äußerlichkeiten beschäftigt, dass wir unsere innere Schatzkiste ausblenden. Diese Dynamik wird dadurch verstärkt, dass die »Passanten« heutzutage blinkende Leuchtreklamen tragen und alles daransetzen, unsere Aufmerksamkeit mit vermeintlichen Sensationen auf sich zu ziehen. Jede bessere Gaststätte rühmt sich heute, eine »Erlebnisgastronomie« zu sein, jeder Berg hat seine Seilbahn und seine Sommerattraktionen und jede Sauna lockt inzwischen mit bunten Farbspielen, ausgefallenen Aufgüssen und diverser Entspannungsmusik. Ist es da ein Wunder, dass wir immer äußerlicher werden?

Erst wenn wir uns nicht mehr von den äußeren Verlockungen und Versprechungen fangen lassen und den Blick wieder nach innen wenden, erst wenn wir uns selbst wieder unter der Flut des Vielen und Äußerlichen entdecken, öffnet sich eine neue Art der Erfüllung – in der Einfachheit und Reinheit einer Verbindung nach innen. Und hier entdecken wir eine Schatzkammer, die nicht leer wird und die wir jederzeit aufsuchen können. Hier finden wir alles, was wir im Außen suchen.

Was suchen wir eigentlich, wenn wir uns zum Beispiel nach Urlaub am Meer sehnen? Wir suchen die innere Qualität, die wir mit einem Urlaub am Meer verbinden, vielleicht das Gefühl von Freiheit und Weite. Diese seelische Qualität lebt aber in uns und ist potenziell immer da. Die Weite des Meeres ist nur der äußere Mittler. Ist uns das bewusst? Meistens nicht, und so wird das Meer immer mehr zu einem Verheißungsort, obwohl das Eigentliche, das wir suchen, eine innere Freiheit ist, welche in der Schatzkammer unserer Seele wohnt.

Diese grundlegende Verwechslung kann man bei vielen Bedürfnissen unseres Lebens beobachten und so wird unser Blick systematisch immer mehr nach außen gezogen. Wir glauben die Intensität im Event zu finden und die Freude im Besuch einer Komödie. Wir suchen die Lebendigkeit in einem Sportwagen und den Selbstwert in teuren Prestigeobjekten. Es gäbe unzählige Beispiele dafür, wie wir das Glück im Außen suchen und dabei vergessen, dass die Schatzkammer der Seele im Inneren liegt und das Gesuchte dort auf uns wartet.

Allerdings müssen wir dazu lernen, unseren Blick tief nach innen zu wenden. Das ist eine Kunst, die in unserer Kultur leider nicht vermittelt wird. Doch es gibt viele grundlegende Methoden der Introspektion in der Spiritualität und in modernen Formen der Psychotherapie, die uns helfen können, uns nach innen hin zu verbinden und unseren seelischen Reichtum zu erfahren. (Siehe auch: Richard Stiegler, »Nach innen lauschen«, Arbor-Verlag)

Je häufiger wir den Kontakt nach innen pflegen und je tiefer wir die innere Fülle erfahren, desto leichter wird es, auf die Verlockungen des Konsums und auf oberflächliche Ablenkungen zu verzichten. Denn wenn wir uns innerlich erfüllt fühlen, ist es kein echter Verzicht mehr, aufwendige Scheinbefriedigung zu lassen. Solange wir uns im Mangel fühlen, erscheinen uns Konsumgüter als sehr erstrebenswert, aber wenn wir innerlich reich sind, verlieren sie ihre Attraktivität und erscheinen uns wie billiger Tand.

Das Glück der Einfachheit

Was macht glücklich? Wenn wir uns diese Frage stellen, tauchen meist unscheinbare, kleine Momente auf, in denen wir die Kostbarkeit des Augenblicks spüren. Wir lächeln unsere Kinder an und spüren die Liebe zu ihnen. Wir essen einen saftigen Apfel und freuen uns an seiner Schmackhaftigkeit. Wir sitzen auf einer Bank am Waldrand, atmen tief durch, lauschen dem Gesang der Vögel und spüren die Größe und Schönheit des Lebens.

All diese Momente von Glück kosten nichts. Sie brauchen keinen Aufwand, keine Gerätschaften, keine Energie, keine Inszenierung und erfordern keine Anstrengung. Sie verbrauchen fast keine Ressourcen und verursachen so gut wie kein CO_2. Das Einzige, was Momente des Glücks benötigen, ist unsere Aufmerksamkeit, oder anders ausgedrückt: unser Anwesendsein. Diese einfachen Glücksmomente können sich nur einstellen, wenn sich die Pforten unserer Wahrnehmung öffnen und wir den Augenblick in seiner Schönheit und Einzigartigkeit empfinden können.

Dazu müssen wir innerlich eine andere Haltung einnehmen, als es der Alltag und die Gesellschaft meist von uns fordern. Üblicherweise bewegen wir uns in einer Lebenshaltung, die sich ums Funktionieren und ums Tun dreht. Wir bewegen uns hier auf die Dinge zu. Wir streben Ziele, Erfolg und Konsum an und folgen dabei unseren Ideen von Glück. Das macht unseren Blickwinkel sehr eng. Um das Glück des Augenblicks zu erfahren, müssen wir die Enge unserer persönlichen Vorlieben und das Streben und Suchen nach Glück zur Seite stellen und eine empfangende Haltung einnehmen. Es geht also darum, unseren Blick wieder zu weiten und uns für den Moment zu öffnen.

Erst wenn wir aus dem Tun und Machen aussteigen, erst wenn wir stiller und empfangender werden und im Augenblick wirklich anwesend sind, öffnet sich unsere Wahrnehmung fast auf wundersame Weise von selbst und wir fühlen wieder, was wirklich Wert im Leben hat. Es sind gar nicht die großen Dinge – der äußere Wohlstand, der Ruhm oder ein großes Event. Was im Leben zählt, ist die Dankbarkeit für das Dasein und für die Verbundenheit mit Menschen und allem Lebendigen. Was wirklich erfüllt, ist die Liebe zum Leben und die Zufriedenheit, die sich daraus ergibt, wenn wir die vielen kleinen Geschenke des Lebens in jedem Augenblick spüren.

Natürlich gibt es auch hier, im Glück des einfachen Lebens, Bedürfnisse. Wir sind hier nicht bedürfnislos. Aber sie zeigen sich hier in einem neuen Licht, ohne die Verzerrungen durch Ersatzbefriedigungen. Immer mehr treten unsere Bedürfnisse jetzt in ihrer einfachen und grundlegenden Natur zutage. Wir schätzen nährendes Essen, Erholung, Bewegung und wahrhaftigen Kontakt zu anderen Menschen und zur Natur. Das bedeutet nicht, dass wir gar keine Konsumgüter oder keine Medien mehr benutzen, aber ihre Bedeutung und ihr Gebrauch wird automatisch stark abnehmen, denn sie verlieren an Attraktivität.

Müssen wir verzichten? Nein. Wir müssen uns wiederfinden.

Fragen zur eigenen Reflexion

- Mache ich mir bewusst, dass ich mit meinem heutigen Konsumverhalten das Leben von zukünftigen Generationen, von meinen Kindern und Enkeln, massiv belaste?

- Was empfinde ich beim Wort »Verzicht«?

- Lebe ich unterschwellig in dem Gefühl, dass es jedes Jahr »besser« werden soll?

- Wie erfahre ich die Zunahme an Konsum, an medialen Möglichkeiten und an Schnelligkeit in meinem persönlichen Leben? Erfüllt sie mich? Oder stresst sie mich?

- Welche Zugänge kenne ich, um die Aufmerksamkeit nach innen zu lenken und den Reichtum der Seele zu erfahren? Nutze ich sie regelmäßig?

- Welche Glücksmomente habe ich erfahren? Was ist in diesen Momenten in mir geschehen?

- Was hat in der Tiefe für mich Wert? Wonach sehne ich mich wirklich? Was braucht es dazu?

- Wenn ich mein Konsumverhalten in verschiedenen Bereichen meines Lebens betrachte: Was sind dabei die natürlichen Grundbedürfnisse und was daran ist oberflächlicher und vielleicht sogar aufwendiger Konsum oder eine Ersatzbefriedigung? (Zum Beispiel in den Bereichen Nahrung, Kontakte, Sport, Erholung und Urlaub, Unterhaltung und Kultur …)

KAPITEL 7

Den Niedergang in Würde gestalten

Verletzt nicht jeder, der die Würde eines anderen Menschen verletzt, in Wirklichkeit seine eigene Würde?

GERALD HÜTHER[9]

Wer sich mit der fortschreitenden Erkrankung unserer Erde und ihren Ursachen beschäftigt, kommt irgendwann zu der Erkenntnis, dass eine Phase des globalen Niedergangs bevorsteht. Das ist kein Ausdruck von Pessimismus oder einer apokalyptischen Fantasie, sondern eine schlichte Schlussfolgerung, die sich daraus ergibt, dass wir als Menschheit seit der Industrialisierung das Wachstum auf dramatische Weise überbetont haben und uns dadurch von den Ökosystemen und unserer Lebensgrundlage immer mehr abgekoppelt haben. Wir verbrauchen durch unser aufwendiges Konsumverhalten systematisch mehr Ressourcen, als im Prozess der Erneuerung entstehen, und wir stoßen durch unseren unmäßigen Energiehunger deutlich mehr klimaschädliche Gase aus, als von den natürlichen Klimagasspeichern wie Wald, Meere und Moore aufgenommen werden können.

Der Klimawandel, aber auch die Ressourcenverknappung und die Schädigung der Biodiversität, sind eindeutige Zeichen dafür, dass wir als Menschheit mit unserer Art zu leben schneller gewachsen sind, als es die natürliche Harmonie der Ökosysteme auf dieser Erde erlaubt. Unsere Wirtschaft und das Kapital beten den »Aufschwung« an, nicht die Nachhaltigkeit.

Die gute Seite dieser Entwicklung ist, dass sich ein immenser Wohlstand in der westlichen Gesellschaft ausgebildet hat. Natürlich ist dieser Wohlstand nicht gleichmäßig verteilt und nach wie vor gibt es viele Bevölkerungsgruppen in den westlichen Staaten und noch mehr Menschen in anderen Kontinenten, die an dieser Entwicklung nicht teilhaben und deren Grundbedürfnisse noch lange nicht gesichert sind. Was ist also die Schlussfolgerung? Dass wir noch mehr Wohlstand aufbauen und noch mehr Wachstum generieren müssen? Dass wir mit allen Mitteln den Aufschwung fortsetzen müssen, selbst wenn dies nur auf Kosten eines Raubbaus an den Ökosystemen geht?

Die Logik des Wachstums setzt auf den Aufschwung und vergisst, dass jede Welle, die steigt und sich dabei mächtig aufbaut, auch wieder fallen muss, um sich mit dem Meer zu vereinen. Dieses Naturgesetz ist ein Prinzip der Harmonie und betrifft das eigene Leben genauso wie die Vorgänge in der Natur oder in der Wirtschaft. Da wir als Menschheit lange Zeit nur auf den Aufschwung gesetzt haben, muss also eine Phase des Abschwungs und der Verlangsamung folgen, damit wir uns wieder mit den Ökosystemen vereinen können.

Die zunehmende Erwärmung der Erdatmosphäre und die Ressourcenverknappung werden über kurz oder lang zu einem globalen Abschwung führen, der viele Lebensbereiche betreffen und für die Menschheit viele schmerzliche Einschnitte mit sich bringen wird. Das kann man bedauern oder mit aller Macht bekämpfen, man könnte es aber auch begrüßen und aktiv mitgestalten, denn nur so können wir uns als Menschheit wieder in die natürlichen Gegebenheiten auf dieser Erde einfügen.

»Sich einfügen« ist das Zauberwort, das zu einer Heilung unserer Lebensweise und unserer Seele führen kann. Das Selbstverständnis des Menschen hat sich im Lauf der Jahrtausende über die Natur erhoben. Wir bezeichnen uns als die Krone der Schöpfung und haben das Gefühl, dass wir ein Recht darauf haben, die Natur zu unterwerfen und für unsere Zwecke zu nutzen. Diese selbstsüchtige Haltung und die Logik des ewigen Wachstums führen geradewegs zur rücksichtslosen Ausbeutung der Erde.

Doch niemand kann sich auf Dauer ungestraft aus der Ganzheit herauslösen und sich göttergleich über die Natur erheben. Im Volksmund heißt es: »Hochmut kommt vor dem Fall.« Dieser Fall wird kommen. Und auch wenn es uns so erscheint: Dieser Fall ist keine Katastrophe und auch kein Zufall. Er ist ein notwendiger und folgerichtiger Schritt der Versöhnung – ein Sich-wieder-Einfügen in die Ganzheit des Lebens.

Abstieg als Prinzip der Harmonie

»Niedergang« ist ein Begriff, der typischerweise in unserer Kultur eine negative Konnotation hat. Wir verbinden damit Versagen, Schuld, Schwäche, Scham, Ohnmacht und Konfrontation mit Mangel. Dabei machen wir uns nicht bewusst, dass Niedergang nichts anderes als eine natürliche und notwendige Ausgleichsbewegung ist. Sie ist weder ein Ausdruck eines persönlichen Versagens noch einer persönlichen Schuld. Niedergang ist ein grundlegendes Lebensprinzip.

Der Herbst ist in der Natur die Phase des Niedergangs, in der nach einer langen Phase des Wachstums im Frühjahr und Sommer eine Phase der Ruhe im Winter eingeleitet wird und alles »Äußere« abstirbt. Empfinden wir diesen Niedergang als falsch oder schlimm? Eben nicht. Er erscheint uns als natürlich und hat sogar seinen eigenen Zauber, wenn zum Beispiel die leuchtend bunten Blätter der Bäume im Herbstwind durch die Luft wirbeln und sanft zu Boden gleiten. Es ist wie ein letzter Tanz, eine letzte Ode ans Leben, den die Blätter in ihrem Fall vollziehen. Dieses Schauspiel ist oft von solcher Schönheit und von solch wilder Kraft, dass wir dabei nicht den Niedergang des Sommers vor Augen haben, sondern im Gegenteil uns dieses lebendige und kraftvolle Spiel der Blätter ganz belebt.

Alle lebendigen Prozesse vollziehen sich in einem organischen Wechsel von aufsteigenden und absteigenden Zyklen, welche sich gegenseitig in einer Balance halten. Der Rhythmus des Lebens entfaltet sich zwischen Werden und Vergehen und kann überall beobachtet werden. Allein im menschlichen Körper gibt es unzählige Vorgänge, in denen die rhythmische Ausgleichsbewegung stattfindet.

Ob wir auf den Atemrhythmus oder auf unseren Herzschlag schauen, ob wir auf die Regelkreisläufe des Blutzuckers, der Hormone oder der Zellerneuerung unseren Blick werfen, überall zeigt sich der Puls des Lebens zwischen aufbauenden und abbauenden Prozessen. Erst durch diese lebendige Balance kann sich das Leben entfalten und erneuern. Der absteigende Zyklus ist also ein Prinzip der Harmonie und nicht, wie wir oft denken, eine überflüssige oder fehlerhafte Entwicklung. Wenn uns das bewusst wird, dann sind Momente des Wachstums und der Erneuerung nicht kostbarer als Momente oder Phasen des Abstiegs oder des Niedergangs. Beide Phasen zusammen bilden das grundlegende Lebensprinzip des Wandels und tragen in sich eine Würde.

Diese Würde spüren wir besonders deutlich in den existenziellen Momenten, wenn ein Mensch geboren wird, und am Ende seines Lebens, wenn er stirbt. Wer der Geburt eines Kindes und dem Tod eines alten Menschen beigewohnt hat, ist in beiden Fällen tief ergriffen. In existenziellen Momenten spüren wir, wie alle oberflächlichen Erscheinungsmerkmale eines Menschen, denen wir normalerweise Wert zusprechen, wie Aussehen, Leistung und Rollen, die ein Mensch bekleidet hat – also die ganze äußere Identität –, vollkommen nebensächlich werden. Was in der Tiefe zählt, ist nur das Dasein dieses Menschen, das Wunder der Lebendigkeit, das sich durch sein Leben offenbart. In diesen Momenten sind wir dem Mysterium des Lebens und der zugrunde liegenden Würde des Daseins ganz nahe.

Aus diesem Grund haben wir auch das tiefe Bedürfnis, nicht nur Babys als neue Erdenbürgerinnen willkommen zu heißen, sondern auch Verstorbene würdig zu verabschieden und zu beerdigen. Wenn es gelingt, einen sterbenden Menschen mit Sorgfalt und Liebe zu begleiten und zu verabschieden, hinterlässt das bei den Angehörigen, unabhängig vom Schmerz des Verlustes, ein Gefühl des Friedens und der Stimmigkeit. Wenn es jedoch nicht gelingt, Menschen in Würde auf ihrem letzten Weg zu begleiten oder zu beerdigen, hinterlässt das eine tiefe Wunde. Die Angehörigen fühlen schmerzhaft, dass dadurch das Leben selbst verletzt wurde.

Ein Beispiel dafür war die früher gängige Praxis in Krankenhäusern, verstorbene Menschen in eine Abstellkammer zu schieben und dort stehen zu lassen, bis das Bestattungsunternehmen den Leichnam abholen konnte. Ich weiß von einigen Angehörigen, wie unwürdig sie diese Praxis empfanden und wie schmerzlich dies für sie war. Heutzutage haben viele Krankenhäuser einen eigens dafür reservierten und gestalteten Raum, in dem Angehörige in Ruhe von ihren Verstorbenen Abschied nehmen können.

Wenn wir erkennen, dass absteigende Zyklen ein Prinzip der Harmonie sind und ihre eigene Würde verkörpern, dann geht es nicht darum, Phasen des Niedergangs zu vermeiden, sondern diese

Phasen bewusst zu gestalten. Wie beim Beispiel eines sterbenden Menschen macht es einen erheblichen Unterschied, ob wir diesen letzten Weg einfach unbeachtet vorüberziehen lassen oder ob wir ihn mit Aufmerksamkeit und Liebe begleiten und sogar den Tod selbst noch mit einem feierlichen Trauerritual begehen.

Immer wenn es gelingt, den Abstieg und das Vergehen wertzuschätzen, es voller Liebe und mit Sorgfalt zu begleiten, steht nicht mehr der Verlust im Vordergrund, sondern es entsteht in allen Beteiligten ein erhebendes Gefühl, das erfüllend und sinnstiftend zugleich ist. Wir spüren dabei die Kostbarkeit des Lebens und das Wunder, das sich in allen Wesen offenbart. Dies ist eine tiefe Erfahrung und wird allen Beteiligten noch lange positiv in Erinnerung bleiben. Paradoxerweise sind wir gerade in absteigenden Phasen und im Erfahren des Todes dem Mysterium des Lebens näher als in Phasen des Wachstums und der Produktivität. Doch auch in diesen Phasen offenbart sich das Geheimnis des Lebens und seiner Würde erst dann, wenn wir sie bewusst erleben und den Abstieg mit großer Achtsamkeit begleiten.

Verzicht, Freiheit und Würde

Eine der großen Herausforderungen des Klimawandels wird darin liegen, die notwendige Phase des Niedergangs, die sich in vielen Bereichen ereignen wird, mit Sorgfalt, mit Mitgefühl und Würde zu gestalten. Natürlich wird es Arbeitsplätze kosten, wenn ganze Wirtschaftszweige abgebaut und umgebaut werden müssen. So wird auch eine Ausrichtung auf Nachhaltigkeit nicht ohne Einschränkung von Wachstum und Konsum geschehen können. Und leider wird es zuerst und im Besonderen die Ärmsten der Armen treffen, wenn die Erderwärmung zunimmt und manche Landstriche unbewohnbar werden.

Der Abschwung und der Umbau, der durch den Klimawandel und die Ressourcenverknappung notwendig wird, werden dem Menschen ungeheure Anstrengungen und auch Härten abverlangen. Wer das leugnet oder denkt, man könnte allein durch neue Technologien und damit neues Wachstum die Klimakrise meistern, läuft Gefahr, die Dynamik, die uns in die Bredouille geführt hat, weiter anzuheizen und damit die Krise zu verschlimmern.

Sollen wir etwa weiterhin auf ein System setzen, das die Erde krank macht, nur um nicht Arbeitsplätze zu gefährden? Das kann wohl nicht die Lösung sein. Das wäre gleichbedeutend mit der Situation einer Drogensüchtigen, die sich selbst systematisch zugrunde richtet und die wir weiterhin in ihrem krank machenden Verhalten unterstützen, nur weil wir Angst vor der Krise haben, die dann folgt, wenn wir das süchtige Verhalten konfrontieren. Die Lösung kann nur darin bestehen, dass wir einerseits das krank machende Verhalten nicht mehr unterstützen und dem Menschen in der dann folgenden (Heil-)Krise beistehen.

Ähnliches gilt für globale krank machende Wirtschaftssysteme. Der Verweis auf die Arbeitsplätze kann kein Argument dafür sein, weiterhin Systeme (zum Beispiel im Energiesektor) aufrechtzuerhalten, die durch unbegrenztes Wachstum und unmäßigen Ressourcenverbrauch die menschliche Existenz als Ganzes gefährden. Daher führt am Niedergang und Umbau verschiedener Systeme kein Weg vorbei.

Doch was heißt es konkret, den Niedergang mit Würde zu gestalten? Das beginnt zunächst im eigenen Leben. Ist es uns möglich, unser eigenes unmäßiges Konsumverhalten zu begrenzen? Unseren eigenen Energieverbrauch zu mäßigen? Doch es geht nicht nur darum, ob wir das tun, sondern wie wir diese Einschränkung vollziehen. Um nämlich in Würde diesen Umbau und Abbau zu gestalten, kommt es sehr darauf an, welche Haltung wir dabei einnehmen.

Wenn man auf etwas verzichten muss, kann man sich dabei frustriert, niedergeschlagen oder klein gemacht fühlen. Wir können voller Hader sein und trotzig vor uns hin schimpfen, wie ein kleines Kind, das vor dem Essen keine Süßigkeiten bekommt, oder aber wir vollziehen diesen Schritt mit der Bewusstheit einer Erwachsenen und mit erhobenem Haupt. Immer dann, wenn wir einer Einschränkung zustimmen und sie bewusst vollziehen, müssen wir zwar auf etwas verzichten, aber wir fühlen gleichzeitig, dass ein grundlegenderes Bedürfnis – nämlich das nach Würde – erfüllt ist. Das gibt uns eine enorme Freiheit, da dann nicht mehr die Bedürftigkeit und das Gefühl der Abhängigkeit im Zentrum unseres Erlebens stehen und uns entsprechend bestimmen, sondern ein tieferes Empfinden von Würde und innerer Kongruenz.

Wie würdelos ist es doch eigentlich, wenn wir uns von unserer Bedürftigkeit wie ein Ochse an einem Nasenring durch das Leben ziehen lassen. Genauso würdelos ist es im Grunde, wenn wir immer nur expandieren wollen, immer nur im Mittelpunkt stehen wollen, immer nur groß und stark sein wollen. Erst wenn wir lernen, der Kleinheit und der Schwäche zuzustimmen, wenn wir uns zurücknehmen können, wenn wir auch schweigen und zuhören können, wenn wir uns nicht mehr als der Mittelpunkt der Welt fühlen und uns so gebärden, werden wir spüren, dass uns diese Haltung auf eine viel tiefere Weise mit uns verbindet, als die Erfüllung mancher (Schein-)Bedürfnisse es kann.

Das, was wir im eigenen Leben erfahren können – dass ein bewusster und freiwilliger Verzicht uns auf einer tieferen Ebene Freiheit, Würde und innere Verbundenheit bescheren kann – gilt natürlich genauso für Firmen oder globale Systeme. Ist es nicht würdelos, wenn die zentrale Motivation einer Firma oder einer Aktiengesellschaft die Maximierung des Profits ist? Wenn weder die Nachhaltigkeit oder das Gemeinwohl noch die wahren Bedürfnisse von Konsumenten oder das Wohlbefinden der Belegschaft die zentralen Anliegen sind?

Tatsächlich erleben wir bereits in manchen Wirtschaftsbereichen kleine Inseln einer Gemeinwohlökonomie. Solche Betriebe sind nicht primär am Wachstum und am Gewinn orientiert und stellen nicht sich selbst ins Zentrum, sondern, wie der Name schon sagt, das Gemeinwohl. Sie sehen sich als Teil einer größeren menschlichen Gemeinschaft und auch als Teil eines großen Ökosystems. Nur wenn sich eine Firma als Teil eines größeren Ganzen empfindet und sich in dieses Größere dienend einfügt, wird sie mit ihrem Wirken die Einheit des Lebens nicht verletzen. Nur dann kann sie auch ohne Gesichtsverlust Überkapazitäten abbauen und sich wieder verkleinern, wenn es der Ganzheit des Lebens dient.

Ist es wirklich unmöglich, dass die Einheit des Lebens ins Zentrum der Motivation von Firmen und Managerinnen, von Energieerzeugerinnen und Ingenieurinnen, von Verbänden und Politikerinnen rückt? Ich weiß nicht, ob das geschehen kann. Aber ich bin mir sicher, dass wir den notwendigen Niedergang und Umbau unseres Wirtschaftssystems und auch des eigenen Lebens vollkommen anders erfahren werden und ihn entsprechend anders gestalten können, wenn in unserem Wertesystem das Bewusstsein für die Einheit und die Kostbarkeit des Lebens an erster Stelle steht.

Not und Mitgefühl

Das Wissen um den Wert und die natürliche Funktion des Niedergangs als Prinzip der Harmonie kann uns helfen, uns mit absteigenden Zyklen zu versöhnen. Doch um den globalen Niedergang und Umbau mit Sorgfalt zu gestalten, braucht es mehr als nur die Einsicht in die Notwendigkeit, uns global zu »verkleinern«. Im schlechtesten Fall könnte dies nämlich zu einer herzlosen Haltung führen, bei der wir den Abschwung als Naturgesetz darstellen und das Leid, das dadurch ausgelöst wird, aus dem Blick verlieren.

Wir können momentan noch gar nicht ermessen, wie viele Menschen es schmerzhaft und vielleicht sogar existenziell treffen wird, wenn der globale Niedergang – egal ob freiwillig oder letztlich erzwungenermaßen – durch die zunehmende Erderwärmung in Gang kommt. Wie stark werden wir uns wohl einschränken müssen? Wie viele Menschen werden ihre Arbeit und damit ihren Lebensunterhalt verlieren? Welche Flüchtlingsströme werden entstehen und was wird das für die einzelnen Menschen und deren Familien bedeuten?

Der Klimawandel und die damit einhergehenden Umwälzungen bergen eine ungeheure soziale Herausforderung. Nur wenn wir das im Blick haben und unser Herz und unser Mitgefühl für die Not aller Menschen (einschließlich der eigenen) öffnen, sie mit Sorgfalt begleiten und unterstützen, werden sich Menschen in ihrer Not geachtet fühlen. Gleichzeitig erfahren wir uns selbst in einer Menschlichkeit, die unserem Dasein eine tiefere Sinnhaftigkeit gibt.

Wir können den Niedergang und das damit verbundene Leid genauso wenig verhindern wie altersbedingte Krankheiten oder letztlich den Tod eines Menschen. Wir können es bestenfalls lindern. Aber auch wenn wir die Not, die entstehen wird, nicht aufhalten können, können wir sie doch in Liebe begleiten und damit dem einzelnen Menschen eine große Achtung entgegenbringen. Das Mitgefühl war vielleicht schon immer unsere menschlichste und wichtigste Eigenschaft, aber in der kommenden Phase mit ihren globalen Verwerfungen wird es geradezu eine existenzielle Bedeutung bekommen.

Fragen zur eigenen Reflexion

- Was verbinde ich mit dem Wort »Niedergang«? Welche Bilder, welche Erfahrungen und Gefühle tauchen dazu auf?

- Was steht im Zentrum meines Handelns: meine Bedürftigkeit und mein Profit? Oder das Bewusstsein für die Einheit des Lebens? Verhalte ich mich auf eine Weise, als ob ich der Mittelpunkt der Welt bin, oder fühle ich mich als ein kleiner Teil eines größeren Ganzen, dem ich diene?

- Wie müsste mich jemand begleiten, damit ich in einer für mich schweren Situation von Verlust oder Verzicht meine Würde behalten kann?

- Welche Haltung müsste ich selbst einnehmen, um einem eigenen Verzicht oder einer Schwäche in Würde Raum geben zu können? Wie erfahre ich in dieser Haltung solche Momente?

- Wie offen ist mein Herz für die Not von anderen oder auch für die eigene Not? Wie erfahre ich mich, wenn das Mitgefühl im Zentrum steht?

KAPITEL 8

Was es zu überprüfen gilt

Es gibt nichts Gutes,
außer man tut es.

ERICH KÄSTNER[10]

Obwohl der Schwerpunkt dieses Buches auf dem Bewusstseins-
wandel liegt, den die Erderwärmung von uns Menschen fordert,
möchte ich in diesem Kapitel darauf zu sprechen kommen, welche konkreten äußeren Umstellungen im eigenen Leben betroffen sind, wenn wir dem Klimawandel eine zentrale Bedeutung
geben. Denn natürlich muss sich ein innerer Wandel in der
äußeren Lebensweise widerspiegeln, sonst ist er noch nicht vollzogen. Wie ernst wir das Thema also nehmen, zeigt sich nicht
zuletzt daran, wie konsequent wir unser äußeres Leben danach
ausrichten.

Über die Bedrohung des Klimawandels zu sprechen, ist leicht.
Genauso einfach ist es, über die Politik zu diskutieren und darüber,
was sich alles ändern müsste. Viel anspruchsvoller ist es bereits,
die Gefühle und Haltungen zu reflektieren und zu hinterfragen,

die in unserem eigenen Leben dazu führen, dass wir auf eine unmäßige Weise Ressourcen verbrauchen und CO_2 freisetzen. Und noch anspruchsvoller wird es, wenn es darum geht, eingefahrene Lebensgewohnheiten konkret zu verändern und manche Bequemlichkeit aufzugeben.

Wenn wir uns ernsthaft daranmachen, unseren Ressourcenverbrauch und unseren CO_2-Ausstoß zu verringern, dann werden wir nach kürzester Zeit bemerken, wie komplex und anspruchsvoll eine solche Umstellung ist. Sie betrifft nämlich alle Lebensbereiche und kann daher nicht von heute auf morgen vollzogen werden. Vielmehr müssen wir uns in Ruhe die verschiedenen Lebensbereiche vornehmen und unsere Gewohnheiten in jedem dieser Bereich aus dem Blickwinkel von Ressourcenverbrauch und CO_2-Ausstoß betrachten. Das braucht eine Menge Zeit, denn jeder einzelne Lebensbereich muss für sich im Detail angeschaut werden, und auch entsprechende Umstellungsprozesse geschehen nicht von selbst, sondern können oft nur von langer Hand geplant und durchgeführt werden.

Viele Fragen werden uns hier beschäftigen: Durch welche Gewohnheiten und Handlungen setzen wir überhaupt CO_2 frei? Wofür verbrauchen wir wertvolle Ressourcen? In welchen Lebensbereichen verursachen wir am meisten CO_2? Welche unserer Gewohnheiten sind einfach nur Bequemlichkeiten und welche sind für unseren Lebenswandel essenziell? Was sind aufwendige Ersatzbefriedigungen und welche Dinge liegen uns wirklich am Herzen? Welche kreativen und für uns stimmigen Möglichkeiten gibt es, unseren Lebensstil ökologisch umzustellen und vielleicht sogar dadurch eine neue Lebensqualität zu erschaffen?

Wenn wir uns diese oder ähnliche Fragen stellen, werden wir überrascht sein, wie viele Kleinigkeiten zu bedenken sind und wie viele Gewohnheiten sich in unserem Leben als Selbstverständlichkeiten eingenistet haben, ohne dass es dafür eine wirkliche Notwendigkeit gibt. Brauchen wir wirklich im Winter Erdbeeren oder bereits drei Wochen vor der Saison Spargel, der dadurch erzeugt wurde, dass das Spargelfeld großflächig beheizt wurde?

Wir werden aber auch manche klimaschädliche Gewohnheit entdecken, die sich nicht einfach umstellen lässt, da sie vielleicht für die Ausübung unseres Berufes oder für wesentliche Bedürfnisse eine große Rolle spielt. Vielleicht braucht eine Person für ihren Beruf unbedingt ein Auto, wogegen jemand anderes ohne große Mühe auf Fahrrad oder öffentliche Verkehrsmittel umsteigen kann. Vielleicht ist für die eine Person eine bestimmte Fernreise ein lang gehegter Herzenswunsch, der für sie eine große innere Bedeutung hat, vielleicht ist es aber auch nur zu einer gesellschaftlichen Konvention geworden, jedes Jahr im Urlaub wegzufliegen.

An diesen Beispielen sehen wir, dass es keine einfachen und vor allen Dingen keine generellen Antworten darauf gibt, was es konkret bedeutet, das Thema des Klimawandels ernst zu nehmen und das eigene Leben umzustellen. Wir können nicht für jemand anderen ermessen, was eine bestimmte Lebensweise für ihn oder sie bedeutet. Wir können nur für unser eigenes Leben nach individuellen Antworten suchen und unsere Lebensweise entsprechend anpassen.

Die Falle der Moral

Wenn wir uns bewusst machen, dass jeder Mensch für sein eigenes Leben, für seinen speziellen Beruf, für seine Lebensumstände und für seine individuellen tieferen Bedürfnisse Antworten auf die Herausforderung des Klimawandels finden muss und wie anspruchsvoll und zeitaufwendig eine solche Umstellung ist, dann wird sehr schnell deutlich, dass alle Generalisierungen und alle Urteile über andere Menschen und deren Verhaltensweisen unangemessen sind.

Wie können wir wissen, wie die Lebensumstände eines Menschen sind und welche Faktoren dazu führen, dass er oder sie eine bestimmte Lebensweise für wichtig erachtet, die uns unakzeptabel oder überflüssig erscheint? Können wir ermessen, was den anderen Menschen in der Tiefe dazu bewegt? Vielleicht ist diese Person gerade damit beschäftigt, einen anderen Lebensbereich umzustellen, oder sie braucht noch Zeit, sich der Problematik in diesem Lebensbereich bewusst zu werden? Vielleicht muss sie sich gerade mit anderen Lebensthemen auseinandersetzen und hat gar nicht den Raum dafür, sich der Klimaproblematik ernsthaft zu stellen. Was wissen wir schon?

Es gibt unzählige Faktoren, die auf den einzelnen Menschen und seine aktuellen Entscheidungen einwirken, und wir kennen nicht einmal alle Faktoren, die unsere eigenen Entscheidungsprozesse beeinflussen. Wie können wir uns also anmaßen, andere Menschen in ihrer Lebensweise zu verurteilen? Eine generalisierte Moral ist eine der großen Fallen, in der man sich im Zuge der Klimakrise verfangen kann. Ganz schnell wird die eigene Erkenntnis in Bezug auf die Klimaproblematik zu einem generellen Maßstab, an dem wir andere messen. Daraus entstehen Ansprüche, negative Urteile und die Tendenz, andere Menschen zu belehren.

Doch immer wenn jemand glaubt, im Besitz der »Wahrheit« und der Moral zu sein, und sich dadurch über andere Menschen erhebt, sie entwertet oder belehrt, führt dies zu einer Gegenreaktion, bei der sich die Beurteilten verschließen oder trotzig auf dem eigenen Standpunkt beharren. Plötzlich werden »SUVs« und Flugreisen und der unmäßige Fleischkonsum als ein grundlegendes Freiheitsrecht verteidigt, das man nicht einschränken darf. (Als ob das Freiheitsrecht des Einzelnen über der Pflicht steht, dass andere durch das eigene Verhalten nicht zu Schaden kommen dürfen.)

Wenn wir also andere Menschen für die Problematik des Klimawandels sensibilisieren und in ihnen eine Bereitschaft zur Verhaltensänderung bewirken wollen, dann ist eine Klimamoral, wie immer sie im Einzelnen aussieht, kontraproduktiv. Viel wirkungsvoller ist es, das, was uns innerlich bewegt, sichtbar zu machen, und vor allen Dingen ganz unvoreingenommen anderen Menschen zuzuhören, was sie an dieser Thematik bewegt und wie sie damit umgehen. Echtes Interesse öffnet die Herzen der Menschen, Voreingenommenheit und Moral lässt sie sich verschließen.

In den folgenden Abschnitten werde ich mehrere Lebensbereiche beleuchten, die alle einen gravierenden Einfluss auf unseren CO_2-Ausstoß und unseren Ressourcenverbrauch haben. Wie oben ausgeführt möchte ich damit keine generellen Empfehlungen aussprechen, vielmehr ist es mir wichtig, für grundlegende Aspekte in diesen Bereichen eine Sensibilität zu wecken, um damit den individuellen Prozess der Auseinandersetzung und der Bewusstwerdung für das eigene Leben zu fördern. Das Ziel ist es, dass jeder Mensch seine eigenen Antworten findet. Dazu werde ich auch immer wieder Fragen stellen, die für den eigenen Bewusstwerdungsprozess hilfreich sein können.

Ernährung

Als ersten Lebensbereich möchte ich auf ein Basisbedürfnis des Menschen eingehen, nämlich auf das Bedürfnis nach Nahrung. Menschen brauchen Getränke und Lebensmittel. Wie alle anderen Lebewesen sind wir darauf angewiesen, uns über die Nahrung Energie zuzuführen, um überhaupt lebensfähig zu sein. Nahrung ist damit ein Grundrecht.

Unsere Nahrung ist allerdings viel mehr als bloße Energiezufuhr. So ist es nicht nur von Bedeutung, dass wir etwas essen, sondern auch wie wir uns ernähren. Denn schließlich macht es einen erheblichen Unterschied für unsere Gesundheit, ob wir uns nur von Fast Food oder von vitamin- und abwechslungsreicher

Kost ernähren. Außerdem können uns Getränke und Nahrungsmittel nicht nur ernähren, sondern auch zutiefst nähren, nämlich dann, wenn wir sie genießen. Das wiederum hat nicht nur mit dem Geschmack und der Qualität der Nahrung zu tun, sondern auch mit dem Ambiente und mit der Gesellschaft, in der wir uns befinden.

Ernährung betrifft damit eine Vielzahl von Bedürfnissen und hat für unseren Körper, für unsere Gesundheit, aber auch für unsere Seele und unser soziales Leben eine große Bedeutung. Wir tun gut daran, wenn wir uns dieser Bedeutung bewusst werden und diesem Bereich in unserem Leben Sorgfalt und Zeit zukommen lassen. Gleichzeitig verbrauchen wir mit jedem Getränk und jeder Mahlzeit Ressourcen und erzeugen CO_2. Das können wir nicht verhindern, aber wir haben einen Einfluss darauf, diese Belastungen für unsere Umwelt durch unser Verhalten zu steuern. Es macht nämlich einen erheblichen Unterschied für die CO_2-Bilanz, was ich zu mir nehme und wann ich es zu mir nehme.

Betrachten wir nur alleine das Wasser, das wir regelmäßig trinken. Wasser ist ja das grundlegendste und gleichzeitig das kostbarste Getränk. Es ist die Grundlage von allen anderen Getränken, sei es Kaffee, Saft, Bier oder Wein. Wie wir wissen, ist es am gesündesten, wenn wir regelmäßig Wasser trinken und es nur manchmal mit anderen Getränken ergänzen. Die Tendenz, dass immer mehr Menschen in unserer Gesellschaft Übergewicht haben, hat erheblich mit ihren Trinkgewohnheiten zu tun. Wie viel Wert geben wir also dem Wasser? Und wie viel Wert haben für uns andere Getränke?

Natürlich ist es auch so, dass alle anderen Getränke mehr CO_2 verursachen als Wasser. Schließlich braucht der »Veredelungsprozess« zu einem Saft oder einem Bier viel Energie und andere Ressourcen, die das Wasser nicht benötigt. Wenn wir den Unterschied zwischen Leitungswasser und Mineralwasser, das wir im

Supermarkt kaufen, betrachten, wird der Unterschied eklatant deutlich. Mineralwasser, das in Plastikflaschen abgefüllt wurde, ruft 600 Mal mehr CO_2 hervor als Leitungswasser, das in vielen Gegenden in der gleichen Qualität zur Verfügung steht wie das Mineralwasser. Selbst wenn wir das Mineralwasser in Mehrweg-Glasflaschen kaufen, setzt es durch Transportwege noch deutlich mehr CO_2 frei als das Wasser, das zu Hause aus der Leitung fließt. Wir könnten also enorm viel Energie und CO_2 einsparen, wenn unser Hauptgetränk, das Wasser, aus der Leitung ist und alle anderen Getränke nur manchmal als Ergänzung genossen werden.

Bei den Lebensmitteln, die wir tagtäglich einkaufen und genießen, ist die Sachlage leider viel komplexer als bei den Getränken. Wer sich hier klima- und ressourcenbewusst ernähren will, kann viele Aspekte bedenken. Welche Nahrungsmittel verursachen in der Herstellung bereits viel CO_2 und welche nicht? Wie viele Transportwege und welcher Lagerungsaufwand ist für ein Lebensmittel nötig? Wie viele Verpackungsmaterialien braucht ein Lebensmittel und welche Verpackung ist möglichst klima- und ressourcenschonend?

Nehmen wir zum Beispiel den Fleischkonsum. Generell braucht die Herstellung von Fleisch viel mehr Ressourcen und setzt damit viel mehr CO_2 frei als Obst und Gemüse. Das liegt allein bereits daran, dass die Produktion von Fleisch die Bewirtschaftung von mindestens sieben Mal so viel Agrarfläche erfordert wie der Anbau von Obst, Gemüse und Getreide. Weltweit werden 6 % der Agrarflächen zur Futtergewinnung für Nutztiere verbraucht und nur 20 % für den direkten Anbau von Lebensmitteln verwendet. Doch Fleisch ist nicht gleich Fleisch, denn speziell die Rinder erzeugen große Mengen an Methan- und Lachgas, welche 25–300 Mal klimaschädlicher wirken als CO_2. Außerdem macht es natürlich einen erheblichen Unterschied, ob ein Tier in der Nähe des Verbrauchers erzeugt, geschlachtet und verwertet wurde, und damit wenig Energie für den Transport notwendig war, oder ob das Rindfleisch beispielsweise aus Südamerika kommt.

Insofern können wir unseren CO_2-Ausstoß enorm einschränken, wenn wir auf den Konsum von Rindfleisch verzichten oder ihn drastisch einschränken. Und natürlich auch dadurch, dass wir unseren Fleischkonsum generell einschränken und darauf achten, dass, wenn wir Fleisch zu uns nehmen, es aus der Region stammt. Das Gleiche gilt für Milch und Käse, denn zu ihrer Erzeugung braucht es leider auch Rinder.

Ein anderes Beispiel betrifft den Kauf von Obst. Ist der Apfel, den ich kaufe, hier gewachsen und hat entsprechend wenig Transport hinter sich? Ist er biologisch angebaut? Ist das Obst, das ich esse, saisonal verfügbar? Oder wird es in fernen Ländern oder unter hohem Energieaufwand erzeugt, transportiert und gelagert? Wie ist das Obst verpackt? Ist es in Plastik eingeschweißt oder kann ich es als Verbraucher ohne zusätzlichen Verpackungsaufwand in meinen Korb legen?

Tagtäglich treffen wir an der Ladentheke unzählige von kleinen, aber bedeutsamen Entscheidungen. Jede davon hat eine unmittelbare Auswirkung auf unsere persönliche CO_2-Bilanz und damit auf das Weltklima. Wenn uns unsere Nahrung und unser ökologischer Fußabdruck am Herzen liegen, dann müssen wir zuallererst erkennen, wie kostbar es ist, sich zu ernähren. Dann erst werden wir die Zeit aufwenden, unsere Ernährung und unser Kaufverhalten so umzustellen, dass es unseren persönlichen Bedürfnissen und den Bedürfnissen der Ökosysteme, in die wir eingebettet sind, gleichermaßen entspricht. Nebenbei bemerkt, kann es auch eine große Freude machen, sich unter ganz neuen Gesichtspunkten mit der eigenen Ernährung zu befassen und dabei nicht nur neue schmackhafte Gerichte, sondern auch sich selbst neu zu entdecken.

Wohnen

Zu den Grundbedürfnissen des Menschen zählt sicherlich auch das Wohnen. Die Behaglichkeit einer eigenen Behausung und der Schutz vor Kälte, Hitze, Regen oder Schnee vermitteln uns Sicherheit und Wohlgefühl. In den eigenen vier Wänden können wir loslassen und auftanken, und gleichzeitig kann sich hier unsere Seele in ihrer Eigenheit entfalten. Gleich ob gemietet oder gekauft, wir haben das Bedürfnis, unsere Wohnung individuell, wie eine äußere Haut, zu gestalten. Daran kann man sehen, wie tief wir uns mit unserer Behausung identifizieren und wie wesentlich es ist, dass wir uns in der äußeren Hülle des Wohnens genauso wohl fühlen wie in unserem Körper.

Beim Wohnen ist es jedoch genauso wie bei der Ernährung: Wir können hier sehr viele Ressourcen verbrauchen und permanent einen hohen CO_2-Ausstoß freisetzen, oder wir können auf eine Weise wohnen, dass wir dabei fast kein CO_2 ausstoßen. Wir könnten sogar zum Erzeuger von erneuerbarer Energie werden und damit eine persönliche positive CO_2-Bilanz bewirken. Die wichtigsten Faktoren beim Wohnen, die es zu betrachten gilt, sind die Größe der Wohnung, das Heizen bzw. Kühlen der Gebäudehülle und unser Stromkonsum. Diese Verbrauchskosten, die über viele Jahre entstehen und das Klima belasten, sind weit höher als die Kosten und der Aufwand, der beim Neubau eines Gebäudes entstehen.

Entscheidend für ein möglichst klimaneutrales Wohnen ist daher zunächst die Größe des Wohnraumes. Wie viele Kubikmeter müssen gewärmt oder gekühlt werden? Der zweite wesentliche Punkt betrifft eine optimale Dämmung. Erst dann stellt sich die Frage, womit ich die gewünschte Wärme erzeuge. Bei Passivhäusern ist die Dämmung so optimiert, dass fast keine zusätzliche Wärme mehr über Heizsysteme erzeugt werden muss. Wenn die Dämmung optimiert ist, dann kann auch betrachtet werden, wie die benötigte Wärme oder das heiße Wasser möglichst ohne fossile Brennstoffe erzeugt werden kann. Zusätzlich spielt die Frage nach den verwendeten Materialien eine Rolle. 6 Prozent der weltweiten CO_2-Emissionen stammen aus der Betonherstellung. Um umweltgerecht zu bauen ist es daher wichtig, für Gebäudehülle und Dämmung nur ökologische Materialen zu verwenden.

Natürlich kann nicht jeder Mensch einen neuen klimaoptimierten Wohnraum errichten, sondern lebt vielleicht in einer Mietwohnung mit Ölheizung. Dann sind die Möglichkeiten zu einer Verbesserung der eigenen Klimabilanz vermutlich stark eingeschränkt. Doch in vielen Fällen können wir zumindest Verbesserungen der Dämmung oder der Heizsysteme erzielen, wenn wir nicht einfach den aktuellen Stand als gegeben hinnehmen, sondern uns bei Fachleuten Rat holen.

Auch das fachgerechte Lüften spielt eine wesentliche Rolle für die Klimabilanz in der Heizperiode. Obwohl das seit Langem bekannt ist, stelle ich immer wieder fest, dass sich viele Menschen nach wie vor nicht entsprechend verhalten. Wer dadurch lüftet, dass er seine Fenster auf Kippstellung belässt, hat keinen guten Luftaustausch in der Wohnung und verbraucht zusätzlich immens viel Energie, da die Thermostate der Heizkörper, die typischerweise unter den Fenstern stehen, sich durch die kalte Zugluft öffnen und das Heizsystem dann auf Hochtouren läuft.

Doch nicht nur das Heizen belastet unser Klima, sondern auch der Stromverbrauch. Daher ist es entscheidend, dass wir zum Ersten den Stromverbrauch reduzieren und zum Zweiten auf Ökostrom aus erneuerbaren Quellen umstellen. Allein durch die Umstellung auf Ökostrom senken wir unsere Klimawirkung durchschnittlich bereits um 7 %. Doch auch durch Stromeinsparung können wir die Umweltbelastung weitgehend vermeiden. Es gibt viele kleine versteckte Stromfresser im Haushalt, die wir allzu selbstverständlich bedienen. Jedes Gerät, das ständig auf Stand-by steht, verbraucht vollkommen unnötig Strom. Viele Ladekabel, die in der Steckdose stecken und nicht gerade dazu benutzt werden, ein Handy oder einen Laptop aufzuladen, verbrauchen ebenfalls Strom, da der Transformator im Stecker des Ladekabels auch läuft, wenn kein Gerät am Ladekabel hängt. Und wie oft lassen wir eine Lampe in einem Bereich unserer Wohnung brennen, ohne dass wir das Licht benötigen?

Bei neuen Geräten, die wir anschaffen, wäre es hilfreich, wenn wir uns fragen, ob der Gewinn, den wir durch das Gerät haben, tatsächlich den Stromverbrauch rechtfertigt. Ob es ein neues Spezialküchengerät ist oder ein Trockner, der auch nichts anderes kann als die Wäscheleine, immer wieder kann die Frage nach dem Sinn oder Unsinn eines neuen Geräts teure Anschaffungen verhindern und unsere Ökobilanz verbessern.

Mobilität

Das moderne Leben ist durch große Mobilität gekennzeichnet. Wir haben heute Verkehrsmittel, die es uns erlauben, in kurzer Zeit bequem weite Strecken zu überwinden. Vor 150 Jahren war eine Reise von Deutschland nach Italien eine langwierige und strapaziöse Angelegenheit. Heutzutage ist es nach Italien ein Katzensprung, und so ist es nicht verwunderlich, dass manche Menschen übers Wochenende zum Shoppen sogar über den Atlantik fliegen.

Dieser Zuwachs an Mobilität beschert uns eine große Freiheit. Wir können andere Länder und Kulturen besuchen und unseren Horizont erweitern, wir können Freundschaften über große Distanzen pflegen, wir haben die Möglichkeit, Jobs in einer nahe gelegenen Stadt anzunehmen, ohne selbst dort leben zu müssen, und wir können Waren beziehen, die aus aller Herren Länder eingeführt werden. Wer möchte schon auf diese Freiheiten verzichten?

Mobilität hat unser Leben verändert und bereichert, sie ist aber auch maßgeblich am CO_2-Ausstoß beteiligt. Weltweit werden ungeheure Mengen an Waren über Lkw, Schiffe und Flugzeuge transportiert, es gibt Massen an Pendlern, die täglich ihr Auto brauchen, um ihren Arbeitsplatz zu erreichen, und die Reiseindustrie boomt. Unser Mobilitätsradius hat sich dabei enorm erweitert. Heutzutage fliegen wir wie selbstverständlich mal eben zu einem Urlaub nach Barcelona oder besuchen am Wochenende ein Sportevent in einer europäischen Hauptstadt. Ist das wirklich so selbstverständlich?

Wenn wir die Klimakrise durch unser eigenes Mobilitätsverhalten nicht ständig weiter anheizen wollen, müssen wir auch in diesem Bereich unsere Gewohnheiten hinterfragen. Das bedeutet noch nicht, dass wir alle Freiheiten der Mobilität aufgeben müssen (genauso wenig wie es bedeutet, dass wir uns nicht mehr ernähren oder nicht mehr heizen dürfen), aber es bedeutet, dass wir durch einfache, grundlegende Weichenstellungen in unserem Mobilitätsverhalten unseren ökologischen Fußabdruck deutlich verbessern können.

Unsere Lebenssituationen sind so vielfältig und komplex, dass es keine generellen Antworten auf die Frage geben kann, wie wir unsere CO_2-Bilanz im Verkehr verbessern können. Natürlich gibt es ein paar allgemeingültige Richtlinien, die die meisten Menschen wissen. Zum Beispiel sind Kurztrips mit dem Flugzeug zu vermeiden, da Flüge überproportional hohe Emissionen bei den Starts verursachen. Je näher die Flughäfen also beieinander liegen, desto verheerender die Umweltbelastung. Genauso bekannt ist, dass ein Urlaub mit einem Kreuzfahrtschiff der mit Abstand klimaschädlichste Urlaub ist, den wir machen können. Wir setzen hier bereits in acht Tagen etwa 10 % der durchschnittlichen Jahresemissionen eines deutschen Bundesbürgers frei.

Um unser Mobilitätsverhalten zu reflektieren und nachhaltig zu verändern, ist es notwendig, dass wir uns sehr grundsätzliche Fragen stellen, die weit über unser Urlaubsverhalten hinausgehen. Hier eine Auswahl von Fragen, mit denen man sich beschäftigen kann: Wo wohne ich und wo ist mein Lebensmittelpunkt? Was sind regelmäßige Strecken (zur Arbeit, zum Einkaufen, zum Sport …), die ich zurücklege, und wie lege ich sie zurück? Wohne ich so, dass sich möglichst viele alltägliche Wege mit dem Fahrrad oder mit öffentlichen Verkehrsmitteln bewältigen lassen? Lässt sich eine Reisestrecke auch ohne Auto oder Flugzeug zurücklegen? Können Fahrten oder Erledigungen zusammengefasst werden oder zum Beispiel durch Fahrgemeinschaften optimiert werden? Wenn ich auf das Auto zurückgreifen muss, wie ist mein Fahrstil und wie schnell fahre ich? (Allein durch eine vorausschauende Fahrweise und durch die Reduktion des Tempos auf Fernstraßen auf 100 km/h kann ich bis zu einem Drittel CO_2 einsparen.) Und natürlich stellt sich auch die Frage, wenn ich ein Auto habe, wie groß muss es wirklich sein und welche Antriebssysteme nutze ich?

Konsum

Wenn die Reflexion des eigenen Mobilitätsverhaltens bereits komplex ist, dann ist es im eigenen Konsumverhalten erst recht schwierig, sich zu hinterfragen und die Auswirkungen auf unser Klima zu erkennen. Durchschnittlich verursachen wir durch Konsum den Löwenanteil an CO_2, nämlich ca. 39 %. (Davon geht etwa die Hälfte auf das private Konto. Die andere Hälfte betrifft »öffentlichen Konsum«, wie Straßen, Schulen, Kraftwerksbauten, auf den wir keinen Einfluss haben.) Kein Wunder, denn die westliche Welt ist eine Welt des Konsums und der materiellen Güter geworden. Es ist also keineswegs unerheblich, sich mit dem eigenen Konsumverhalten zu beschäftigen.

Bereits im Kapitel 6 habe ich die Frage aufgeworfen, welches unsere natürlichen Bedürfnisse und was materielle Ersatzbefriedigungen sind. Bevor wir uns nicht diese Unterscheidung bewusst machen und im eigenen Leben betrachten, können wir auch unser Konsumverhalten nicht grundlegend ändern. Solange wir der Versprechung der Werbung Glauben schenken, dass sich Erfüllung und Glück kaufen lassen, also durch materielle Güter entstehen, sind wir im Kreislauf des Konsums gefangen und werden durch unser eigenes Verhalten den Ressourcenabbau und den CO_2-Ausstoß ansteigen lassen.

Insofern kann es wirklich eine spannende Reise der Selbsterkenntnis sein, sich mit dem eigenen Konsumverhalten zu beschäftigen: Was ist eigentlich Konsum? Wo beginnt er? Für was geben wir unser Geld aus? Wofür geben wir am meisten Geld aus und welche Güter und welche Bereiche sind uns besonders wichtig? Ist es die Ausstattung unserer Wohnung, die Kleidung, das Auto, das Handy, der Sport oder das Reisen? Welche grundlegenden Bedürfnisse verbergen sich hier? Wie kann ich für diese Bedürfnisse Sorge tragen, ohne ständig etwas Materielles oder etwas von außen zu brauchen?

Natürlich kann es auch hilfreich sein, sich bewusst zu machen, dass hochwertige und damit langlebige Güter oftmals wesentlich weniger CO_2 verursachen als eine Schnäppchenjägerei. Das gilt für Kleidung genauso wie für Möbel oder elektronische Geräte. »Kaufe nachhaltig« ist die goldene Regel des Konsums im Zeichen des Klimawandels. Doch vermutlich werden wir sowieso nur noch wenige hochwertige Konsumgüter kaufen, wenn uns unsere eigentlichen Bedürfnisse bewusster werden.

Internet

Ist es nicht geradezu magisch, dass wir heutzutage kabellos mit fast jedem Teil der Welt kommunizieren können? Und ist es nicht eine Errungenschaft, dass fast jede Nachricht und jedes Wissen zu jeder Zeit über das Internet verfügbar sind? Zweifellos hat die digitale Revolution die Welt und uns Menschen verändert. Dabei sind wir erst am Beginn dieser Entwicklung und wir können noch nicht absehen, welche Möglichkeiten sich daraus ergeben und welche Umwälzungen in Industrie und Gesellschaft dadurch entstehen werden.

Was wir jedoch bereits sehr genau wissen, sind die Auswirkungen dieser Entwicklung auf das Klima, denn für die neue Technik sind riesige Speicherkapazitäten nötig. Die Befüllung dieser Speicher und das Abrufen der gigantischen Datenmengen verbraucht ungeheure Mengen an Strom. Weltweit sind derzeit 40 Großkraftwerke (AKW, Kohle, Gas) nötig, um den Strombedarf der Infrastruktur abzudecken. Das macht 3,7 % des weltweiten Treibhausgasausstoßes aus, Tendenz steigend, da sich alle zwei bis zweieinhalb Jahre das Volumen des Datenverkehrs verdoppelt.

Anders als beim Flugverkehr oder beim Konsum ist den wenigsten Menschen bewusst, wie viel Strom sie durch ihre digitalen Gewohnheiten verbrauchen. Wie sollte das auch der einzelne Konsument wissen? Er ist sich nur der geringen Strommenge bewusst, die es braucht, um den eigenen Laptop oder das Smartphone aufzuladen. Die riesigen Strommengen für die Verfügbarmachung und Bereitstellung der Daten sind für ihn unsichtbar.

Aus diesem Grund nutzen zurzeit die meisten Menschen bedenkenlos Streamingdienste und speichern ihre eigenen Daten in der Cloud. Wir verschicken fröhliche Bilder an Freunde und Bekannte, freuen uns an der »kostenlosen« Kommunikation über WhatsApp, laden Filme herunter und gehen im Internet shoppen. Alles scheinbar umsonst und sehr praktisch. Leider geht diese Rechnung nicht auf. Der Preis für unseren bedenkenlosen Umgang mit digitaler Kommunikation und enormer Datenspeicherung ist die Erderwärmung.

Digitaler Konsum genauso ein Klimakiller wie materieller Konsum und muss daher ernsthaft hinterfragt werden, wenn wir unseren persönlichen ökologischen Fußabdruck verbessern wollen. Wie viele Daten speichern wir in der Cloud? Ist das wirklich notwendig? Können wir nicht auch zum Beispiel private Bilder wieder auf einer externen Festplatte archivieren? Müssen wir jede Musik oder jeden Film streamen oder greifen wir vielleicht doch lieber zu einer CD oder einer DVD? Ist es wirklich nötig, zu einer Nachricht immer gleich ein Bild zu verschicken, welches ungleich mehr Daten als eine Textnachricht hat? Ist es überhaupt nötig, ständig über Messenger-Dienste zu kommunizieren? Ist es wirklich sinnvoll, stundenlang im Internet nach Angeboten zu suchen oder wäre vielleicht ein Gang in einen Laden oder ein Reisebüro nicht auch möglich? Müssen wir wirklich im Internet miteinander spielen, oder hätte es nicht den gleichen Reiz, wieder einmal ein Brettspiel hervorzuholen?

Wir können durch unseren digitalen Konsum enorme Mengen an Daten bewegen und im Zuge der Nutzung entsprechend viel CO_2 freisetzen. Wir haben aber auch die Möglichkeit, durch einen bewussten und reduzierten Gebrauch von Daten und digitaler Kommunikation sofort CO_2 einzusparen. Es liegt an uns. Doch wie beim materiellen Konsum braucht es auch beim digitalen Konsum eine bewusste Differenzierung zwischen echten Bedürfnissen und Ersatzbefriedigungen, denn häufig entpuppt sich bei genauerer Betrachtung die Nutzung digitaler Welten als Ersatzhandlung. Solange wir das nicht entlarven, werden wir wohl weiterhin die Cloud mit unseren Daten füttern und die Erdatmosphäre mit CO_2 aufheizen.

Finanzen

Es gibt viele Bereiche in unserem Leben, in denen wir unbewusst die Klimakatastrophe vorantreiben und den skrupellosen Ressourcenabbau fördern. Auch der Bereich der Finanzen gehört dazu. Viele Menschen sind sich nicht bewusst, welche Macht ihre Finanzen beinhalten. Es ist allgemein bekannt, dass wir als Verbraucher mit unserem Konsum- und Ernährungsverhalten eine Steuerungsmacht haben, aber mit unserem Geld?

Wenn wir Geld besitzen und es zum Beispiel in Immobilien oder in Aktien anlegen, denken wir meist nur daran, dass die Anlage für uns selbst gewinnbringend ist. Viele Menschen machen sich jedoch keine Gedanken darüber, was sie mit ihrer Geldanlage fördern. Vielleicht fragen sie noch ihren Anlageberater danach, ob bei den Aktienfonds, in die sie investieren, Rüstungsgeschäfte und Kinderarbeit ausgeschlossen sind, aber wer fragt schon nach der CO_2-Bilanz seiner Aktien- oder Immobiliengeschäfte?

Doch wenn wir nicht wollen, dass unser Gewinn auf Kosten der Ökosysteme und zukünftiger Generationen entsteht, dann hätte es eine große Bedeutung, nach der CO_2-Bilanz unserer Geldanlagen zu fragen. Denn Geld ist Macht und hat eine enorme Lenkungswirkung. Aus diesem Grund nimmt mit der Größe unseres Besitzes nicht nur die materielle Freiheit, sondern auch die Verantwortung zu. Wir können unser Geld in einen klassischen Immobilienfonds geben, oder wir finanzieren nur noch Immobilienprojekte, die CO_2-neutral sind, also Passivhäuser auf Basis nachwachsender Rohstoffe errichten. Wir können Aktien von großen Energiekonzernen kaufen, die nach wie vor auf Kohle oder Gas setzen, oder wir investieren in erneuerbare Energien, indem wir Solaranlagen und Windparks unser Geld geben. Wir haben die Möglichkeit, unseren finanziellen Besitz in breit angelegte Aktienfonds zu stecken, mit denen auch die Mineralölwirtschaft finanziert wird, oder wir investieren konsequent nachhaltig und ökologisch.

Natürlich bedeutet dies wie in allen anderen Lebensbereichen, dass wir uns informieren müssen, und das ist ein Aufwand und braucht Zeit. Doch wenn uns Klimaschutz ein ernsthaftes Anliegen ist, dann geht es nicht nur darum, die offensichtliche CO_2-Freisetzung, die zum Beispiel durch unser Verkehrsverhalten entsteht, zu reduzieren, sondern auch ein Bewusstsein über unsere »versteckten« Klimawirkungen zu entwickeln.

Die Chance dabei ist, dass wir mit der bewussten Nutzung unserer finanziellen Macht nicht nur unseren ökologischen Fußabdruck verkleinern, sondern auch aktiv eine ökologische Zukunft fördern können. Anders gesagt: Durch die bewusste Nutzung unserer Finanzen senken wir nicht nur unsere Klimabilanz von durchschnittlich 10 t CO_2 jährlich auf im besten Fall klimaverträgliche 1 t CO_2 ab, sondern es kann sogar eine positive Klimabilanz entstehen, bei der wir mehr CO_2 aus der Atmosphäre binden oder mehr CO_2-Ausstoß verhindern, als wir selbst durch unseren eigenen Lebenswandel in die Luft blasen.

Aufforstung

Eine weitere wirkungsvolle Möglichkeit, unsere Klimabilanz zu verbessern oder sogar eine positive Klimabilanz zu erreichen, ist die Aufforstung von Bäumen. Bäume speichern und binden CO_2. Besonders in ihrer Wachstumsphase zwischen dem 10. und dem 20. Lebensjahr können sie sehr viel CO_2 aufnehmen. Daher gilt die Aufforstung von Bäumen und Wäldern als ein natürlicher und wirkungsvoller Weg, dem Klimakollaps vorzubeugen.

Doch machen wir uns nichts vor. Die Aufforstung von Wäldern kann eine Reduzierung des globalen CO_2-Ausstoßes (und damit eines Umbaus unserer Wirtschaft) nicht ersetzen, sondern nur ergänzen. Wenn wir das Ziel schaffen wollen, die Erwärmung auf maximal 2 °C zu begrenzen, müssen wir massiv aufforsten und individuell und kollektiv unser Leben ökologisch ausrichten. Nur dann haben wir eine Chance, eine Klimakatastrophe zu verhindern.

Für unser eigenes Leben jedoch bedeutet die Möglichkeit der Aufforstung, dass wir ab sofort klimaneutral leben können. Die Menge an CO_2, die wir in den verschiedenen Lebensbereichen freisetzen, lässt sich leicht berechnen, und so können wir schon ab sofort für die Klimakosten bezahlen, für die wir verantwortlich sind. Nur wenn wir ab heute klimaneutral leben oder vielleicht sogar klimapositiv leben, können wir morgen unseren Kindern mit gutem Gewissen in die Augen schauen. Doch Achtung: Die Möglichkeit des Aufforstens von Bäumen sollte nicht unsere Bemühungen um die Einsparung von CO_2 ersetzen, sondern nur dort ergänzen, wo eine Reduktion nicht weiter möglich ist. Sonst belügen wir uns selbst. Eine gewisse Großzügigkeit in der Berechnung unseres Beitrags ist zudem zielführend.

Aufforstung ist nicht nur ein wirkungsvoller Weg, ab sofort klimaneutral zu leben, sondern auch eine kreative Möglichkeit, Zukunft zu schenken. Wie oft wissen wir als Erwachsene nicht mehr, was wir nahen Menschen zum Geburtstag oder zu Weihnachten schenken können? Viele unserer Geschenke heizen nur den materiellen Konsum und damit das Klima an. Stattdessen könnten wir auch die Aufforstung von Bäumen verschenken. Wie viele Bäume könnten wohl in Deutschland an einem einzigen Weihnachtsfest aufgeforstet werden, wenn sich alle Bürger entschließen würden, statt materielle Geschenke zu kaufen, Bäume zu pflanzen und damit Zukunft zu schenken?

Sich für ein stabiles Klima engagieren

Bei all den verschiedenen Möglichkeiten, durch unseren Lebensstil die Freisetzung von CO_2 zu reduzieren oder sogar klimapositiv zu leben, dürfen wir nicht vergessen, dass es noch eine andere Ebene gibt, die für das Klima unserer Zukunft eine große Bedeutung hat: Wir können uns für eine klimagerechte Welt engagieren.

Durch die Bewegung der »Fridays for Future« sehen wir, welche Kraft ein positives Engagement für die Zukunft entfalten kann. Ob wir uns in einer politischen Partei einsetzen oder ob wir uns in einer Bürgerbewegung engagieren, spielt keine Rolle. Es gibt unendlich viele Möglichkeiten, sich für das drängendste Thema unserer Tage einzusetzen und einen aktiven Beitrag für die Zukunft unserer Kinder und Enkel zu leisten. Nur wenn sich sehr viele Menschen für dieses Thema öffnen und sich im Rahmen ihrer Möglichkeiten aktiv dafür einsetzen, kann daraus eine starke gesellschaftliche Bewegung entstehen, die der Politik und der Wirtschaft den Rückhalt und den Auftrag gibt, den konsequenten ökologischen Umbau unserer Gesellschaft voranzutreiben. Erst dann werden die Entscheidungsträger unserer Gesellschaft den Mut dazu aufbringen, langfristig zu denken und zu handeln.

Wenn wir uns als mündige Bürger begreifen, dann gilt es, für diese Mündigkeit genauso Verantwortung zu übernehmen wie für unseren Konsum oder unsere Finanzen. Dabei befindet sich jeder Mensch in anderen Bezügen und hat sehr unterschiedliche Fähigkeiten und Einflussmöglichkeiten. Um unsere persönliche Macht als Bürger im Hinblick auf die Klimakrise zu erkennen, müssen wir uns also fragen: Welche besonderen Fähigkeiten stehen mir zur Verfügung? In welche Netzwerke bin ich eingebunden und welche Einflussmöglichkeiten habe ich darin? Wie kann ich persönlich mit meinen Fähigkeiten das Anliegen eines ökologischen Umbaus unserer Gesellschaft unterstützen?

Vielleicht können wir in unserem Stadtteil bei einem Klimaprojekt mit unseren Fähigkeiten mitwirken oder sogar ein neues initiieren. Vielleicht können wir in unserem Freundeskreis oder in den Netzwerken, in denen wir uns bewegen, eine konstruktive Auseinandersetzung mit dem Thema »Klima und Zukunft unserer Kinder« anstoßen und andere für die Bedeutung dieses Themas sensibilisieren. Vielleicht können wir in der Firma, in der wir tätig sind, eine Projektgruppe »Klimawandel« gründen. Es gibt so viele kreative Möglichkeiten, sich für das Klima zu engagieren, wie es individuelle Menschen gibt. Wer glaubt, dass er oder sie selbst nichts beizutragen hat, kennt sich und seine Gestaltungsmacht noch nicht.

Wir alle können gestalten und unser Leben für oder gegen etwas einsetzen. Leider neigen manche Menschen dazu, sich immer gegen etwas einzusetzen und rutschen dabei immer mehr in ein Leben, das von Kampf und Protest geprägt ist. Natürlich kann es manchmal Sinn machen, ein klares »Nein« zu einer Sache zu bekennen und zu vertreten. Aber wenn wir uns nur noch für das »Nein« engagieren, fühlen wir uns immer mehr als Opfer und werden immer ohnmächtiger und wütender dabei.

Erst wenn wir uns für etwas engagieren, wenn wir fühlen, dass wir mit unserer Gestaltungskraft etwas Neues, Positives und Kreatives fördern können, entsteht ein positives Lebensgefühl, das uns Kraft, Hoffnung und Sinn gibt. Es macht für uns und für unser Umfeld einen großen Unterschied, ob wir uns grundsätzlich in unserem Leben so ausrichten, dass wir mit unserem Engagement Krieg gegen das »Böse« in der Welt führen, oder ob wir daran beteiligt sind, die Zukunft mitzugestalten und entsprechende Projekte konstruktiv zu unterstützen.

Insofern könnten wir uns immer mal wieder fragen, ob wir uns mit unserem Einsatz für den Klimawandel hauptsächlich gegen oder für etwas einsetzen. Und immer wenn wir uns mal wieder ohnmächtig fühlen und uns ein Zorn (ob heilig oder nicht) packt, wäre es hilfreich, nicht nur darauf zu schauen, gegen was sich die Wut richtet, sondern für was die Wut in uns eintritt. Denn wenn uns bewusst wird, was uns unter der Wut am Herzen liegt, dann können wir vielleicht auch einen positiven und konstruktiven Weg beschreiten, dafür einzutreten.

KAPITEL 9

Ein Klima-Workshop

Wir sind hier, weil es letztlich kein Entrinnen vor uns selbst gibt. Solange der Mensch sich nicht selbst in den Augen und Herzen seiner Mitmenschen begegnet, ist er auf der Flucht.

Solange er nicht zulässt, dass seine Mitmenschen an seinem Innersten teilhaben, gibt es für ihn keine Geborgenheit. Solange er sich fürchtet, durchschaut zu werden, kann er weder sich selbst noch andere erkennen. Er wird allein sein.

Wo können wir solch einen Spiegel finden, wenn nicht in unserem Nächsten. Hier in der Gemeinschaft kann ein Mensch erst richtig klar über sich werden und sich nicht mehr als den Riesen seiner Träume oder den Zwerg seiner Ängste sehen, sondern als Mensch, der – Teil eines Ganzen – zu ihrem Wohl seinen Beitrag leistet.

In solchem Boden können wir Wurzeln schlagen und wachsen, lebendig als Mensch unter Menschen.

RICHARD BEAUVAIS[11]

Seit über 30 Jahren leite ich Gruppen, in denen Selbsterkenntnis, innere Heilung, authentische Begegnung und spirituelle Entfaltung gefördert werden. Im Laufe der Jahre habe ich dabei immer mehr verstanden, wie heilsam und tragend die Gemeinschaft einer Gruppe für die innere Entwicklung ist. Wir sind keine Einzelwesen, sondern brauchen für unser seelisches und spirituelles Wachstum den Nährboden von gesunden Beziehungen. So wie eine Pflanze ihr Potenzial nur in einem Boden entfalten kann, der ihr Halt gibt und die Nährstoffe zur Verfügung stellt, die sie zu ihrem Wachstum braucht, so ist auch für uns Menschen ein gesundes Beziehungsfeld die Voraussetzung dafür, dass wir immer mehr wagen, unserer Eigenart entsprechend zu leben und unseren Herzenswünschen zu folgen, um sie in die Welt zu bringen. Doch auch um Schweres auf eine Weise verdauen zu können, dass wir gestärkt und gereift daraus hervorgehen, braucht es heilsame Beziehungsstrukturen.

Was macht ein gesundes Beziehungsfeld aus? Diese Frage ist sehr bedeutsam, da die Zugehörigkeit zu einer Gruppe alleine nicht automatisch heilsam ist. Wie wir wahrscheinlich alle bereits erlebt haben, kann eine Beziehung oder eine Gruppe nicht nur heilsam wirken, sondern auch entwertend, einengend, verstörend und vielleicht sogar traumatisierend. Entscheidend ist also nicht nur, ob wir Beziehungen haben und vielleicht ein Teil einer Gemeinschaft sind, sondern vor allen Dingen, wie die Qualität unserer Beziehungen beschaffen ist.

Im Grunde wissen wir, welche Qualitäten in einem Beziehungsfeld leben müssen, damit es für unsere Seele heilsam und nährend ist. Wir brauchen nur unsere grundlegenden Sehnsüchte zu befragen. Wir sehnen uns danach, in unserer Ganzheit angenommen zu werden – mit unseren Krisen, Nöten und Fragen genauso wie mit unseren Freuden und Potenzialen. Immer wenn wir spüren, dass wir uns in einer Beziehung oder einer Gruppe authentisch zeigen dürfen und dass unser innerer Reifungsprozess in unserem eigenen Tempo stattfinden darf, fühlen wir uns getragen. Immer wenn wir spüren, dass es ein echtes Interesse für unser authentisches Erleben gibt und sich das Gegenüber ebenso wahrhaftig zeigt, entsteht ein Begegnungsfeld, das uns innere Freiheit schenkt und gleichzeitig Verbundenheit erfahren lässt. Das ist die Nahrung, die unsere Seele genauso essenziell braucht, wie unser Körper regelmäßig etwas essen muss.

Einfach gesagt: Wir suchen Resonanz! Das ist besonders entscheidend dort, wo wir mit schwierigen, herausfordernden Lebenssituationen konfrontiert sind. Bei Schicksalsschlägen, bei Lebensumbrüchen und bei inneren oder äußeren Konflikten kann ein tragendes Beziehungsfeld – zum Beispiel einer Gruppe – sehr wesentlich dazu beitragen, dass wir uns in dieser Krise nicht allein (gelassen) fühlen und dass wir den Mut haben, uns auf die schwierigen Gefühle, die hier ausgelöst werden, wirklich einzulassen.

Die Bereitschaft, sich einzulassen und das Schwierige zuzulassen, ist aber die Voraussetzung dafür, dass eine innere Verdauung und vor allem auch eine innere Reifung geschehen kann. Dann wird es möglich, das Schwere zu integrieren und zu einem inneren Einverständnis zu finden. Und nur dann kann es geschehen, dass wir an einer Krise nicht zerbrechen oder uns in das Schneckenhaus einer inneren Resignation und Isolation zurückziehen, sondern als neuer, veränderter Mensch gestärkt und gereift weiterleben.

Wenn wir uns nun vergegenwärtigen, welch massive Änderungen und Herausforderungen der Klimawandel in den nächsten Jahren mit sich bringen wird, muss man von einer kollektiven Krise der Menschheit ausgehen. Ich bin überzeugt, dass durch die Umbrüche, die uns bevorstehen, reihenweise Betroffenheit, Ängste, Ohnmachtsgefühle, Depressionen, Wut und Süchte ausgelöst werden. Aus diesem Grund werden Gruppenangebote und Workshops eine große Bedeutung gewinnen, in denen Menschen die Möglichkeit bekommen, den seelischen Prozess, der durch den Klimawandel ausgelöst wird, auf eine konstruktive Weise zu vollziehen.

Daher habe ich mich entschlossen, am Ende dieses Buches einen einfachen Ablauf eines Workshops zu beschreiben. Ich möchte damit allen Menschen, die sich für das Klima einsetzen, Mut machen, nicht nur über die Bedeutung des Klimawandels zu sprechen oder für Veränderungen zu demonstrieren, sondern heilsame Beziehungsfelder zu schaffen, in denen die tiefen Gefühle und die grundlegenden Fragen, die der Umbruch in Menschen auslöst, einen Platz haben. Denn wenn der einzelne Mensch einen sicheren Raum hat, sich auf den seelischen Prozess einzulassen, den der Klimawandel auslöst, kann es zu einem Einverständnis mit dem äußeren Umbruch kommen. Nur so können eigene Antworten gefunden und notwendige Lebensveränderungen aktiv gestaltet werden.

Die Grundhaltung einer Herzensoffenheit

Die Leitung eines Workshops, bei dem vor allem die seelische Dimension des Klimawandels Platz finden soll, braucht sehr grundlegende Zutaten. Damit eine Leiterin ein heilsames Beziehungsfeld aufbauen kann, braucht sie ein großes Interesse und vor allen Dingen eine wirkliche Offenheit für alle Gefühle, für alle Fragen und alles, was die Teilnehmenden bewegt. Wenn wir selbst als Leiterin voreingenommen sind und die Menschen mithilfe des Workshops in eine bestimmte Richtung führen wollen, wenn wir bestimmte Gefühle und Äußerungen als legitim ansehen und andere nicht, kann in der Gruppe keine Sicherheit und keine Freiheit dafür entstehen, dass die Teilnehmenden ihre wahrhaftigen Gefühle innerlich zulassen und nach außen zeigen können.

Hier hat die Leitung eine große Verantwortung und prägt die Grundatmosphäre einer Gruppe entscheidend mit. Bei einem Thema wie dem Klimawandel ist Offenheit in der Leitung keine Selbstverständlichkeit, denn natürlich werden wir als Leiterin vermutlich ein Herzensanliegen mitbringen, das uns motiviert, einen solchen Workshop anzubieten. Vielleicht wollen wir Menschen ermutigen, sich dem Klimawandel zu stellen, um einen schnellen individuellen und kollektiven Wandel in unserer Gesellschaft zu fördern. Das, was uns als Leiterin in der Tiefe motiviert, ist selbstverständlich eine wichtige Quelle für unsere Arbeit mit Gruppen. Nur wenn wir selbst inspiriert sind, können wir andere inspirieren. Aber unsere eigene Motivation darf uns nicht in einen Tunnelblick führen, bei dem nur noch das gesehen und geschätzt wird, was uns richtig erscheint.

Die Herausforderung in der Leitung ist es daher, sehr wohl an das eigene Herzensanliegen angebunden zu sein, aber gleichzeitig eine große Offenheit und ein echtes Interesse für andere subjektive Wahrheiten zu verkörpern. Erst dann kann sich ein Gruppenfeld ausbilden, in dem ein großer Respekt und eine Sicherheit für unterschiedlichste Sichtweisen, Erfahrungen und Gefühle entstehen. Insofern ist es von großer Bedeutung, dass ich mir als Leiterin meiner Motivation bewusst bin und mich auch damit befasse, welch einengende Wirkung dieses Anliegen, so gut es auch sein mag, auf andere Menschen haben kann. Dies wäre nämlich der Fall, wenn ich versuche, mein subjektives Anliegen zu einer allgemein gültigen Wahrheit zu erklären.

Übrigens ist dies nicht nur einengend für andere Menschen, sondern auch für mich als Leiterin. Je eindeutiger die Absicht und die Ziele für einen Workshop sind, desto anstrengender und frustrierender wird die Durchführung für die Leitung. Die Haltung der Offenheit ist flexibel und kann, wie das Wasser, anstrengungslos dem augenblicklichen Geschehen einer Gruppe folgen.

Feste Absichten dagegen sind starr und können sich nicht auf das lebendige und komplexe Geschehen einer Gruppe beziehen.

Die wohl größte Gefahr, bei der Leitung eines Workshops zum Thema Klimawandel in einen »Tunnelblick« zu verfallen, ist die Moral. Es kann in der Leitungsposition sehr leicht geschehen, dass aus einem Herzensanliegen ein Ideal und eine entsprechende Moral entstehen. Als Leiterin müssen wir uns sehr bewusst sein, dass jedes Ideal und jede Moral die Offenheit für unterschiedlichste tiefe menschliche Anliegen in der Gruppe beschneiden. Das gilt auch und vielleicht sogar im Besonderen für den Klimawandel. Denn wie leicht ist es hier, klimaschädliche Bedürfnisse und Verhaltensweisen zu brandmarken?

Viele Teilnehmende werden der Verlockung nicht widerstehen können, Ideale und Moralansprüche auszubilden und andere Menschen für ihr klimaschädliches Verhalten zu entwerten. Die Leitung hat die Aufgabe, diese Menschen zu unterstützen, den eigentlichen Schmerz oder das eigentliche Herzensanliegen hinter den Idealen und unter den Urteilen zu entdecken und mitzuteilen. Erst dann entsteht eine Atmosphäre, die wahrhaftig und respektvoll ist. Dazu aber muss die Leiterin selbst frei von Idealen, von Urteilen und Moralansprüchen sein. Erst dann kann sie mit Offenheit und Mitgefühl jede Äußerung und jede menschliche Verhaltensweise einladen und wertschätzen. Sie ist dann in einer Herzensoffenheit gegründet und kann von hier aus das Geschehen in der Gruppe leiten.

Die Grundhaltung der Herzensoffenheit hat eine unglaubliche Fähigkeit: Wir können hier mit einer eigenen tiefen Wahrheit verbunden sein – etwas, das uns zutiefst am Herzen liegt –, und gleichzeitig können wir uns von hier aus empathisch für andere Herzenswahrheiten öffnen. Für das Herz ist das kein Widerspruch. Wenn aber ein Herzensanliegen zu einem Ideal oder zu einer Moral geronnen ist, verlieren wir die Offenheit und die Empathie für andere Perspektiven.

Vielleicht können wir uns die Balance zwischen unserem Herzensanliegen als Leiterin und einer Haltung von Offenheit so vorstellen: Es ist wichtig, dass wir in unserer Herzensmotivation gegründet sind, wie ein Baum, der seine Wurzeln tief in die Erde schickt und dort fest verankert ist. Gleichzeitig gilt es aber, in unserer Krone flexibel zu bleiben. Nur dann können wir darin viel Platz für alle möglichen Lebensformen bieten und mit Winden aus allen Richtungen mitschwingen.

Grundelemente eines Tagesworkshops

Im Folgenden werde ich eine Workshopstruktur beschreiben, die auch von einer eher unerfahrenen Leitung durchgeführt werden kann und die etwa einen Tag Zeit in Anspruch nimmt. Der Ablauf der einzelnen Workshopelemente ist so konzipiert, dass er einem natürlichen seelischen Verarbeitungsprozess entspricht. Dadurch hat jede Teilnehmerin die Möglichkeit, ihren individuellen Bewusstwerdungsprozess zu gehen und eigene Antworten zu entdecken.

Die Gruppengröße spielt bei dieser Workshopstruktur keine große Rolle. Die Elemente können sowohl mit kleinen Gruppen als auch mit einem großen Vortragsplenum (bis zu 100 Teilnehmende) durchgeführt werden. Natürlich sollte es gegeben sein, dass auch bei einer großen Gruppe genügend kompetente Ansprechpartnerinnen vorhanden sind, an die sich die Teilnehmenden wenden können, wenn sie Unterstützung brauchen. Vielleicht muss es also bei größeren Gruppen noch Assistentinnen geben, die grundsätzlich im »Zuhören« erfahren sind.

Zu einer besseren Orientierung habe ich alle Abschnitte, die das konkrete Vorgehen im Workshop beschreiben, in Kursivschrift gesetzt und alle Abschnitte, die die Elemente des Workshops lediglich kommentieren, im üblichen Schriftbild gelassen.

Element 1: Vortrag (1 Stunde)

Das erste Element für einen Tagesworkshop könnte sein, dass die Leitung oder eine Expertin von außen einen Vortrag zum Thema Klimawandel hält. Der Vortrag sollte nicht länger als eine Stunde dauern und grundlegende Informationen darstellen, aber vor allen Dingen auch Elemente beinhalten, die dazu geeignet sind, Menschen zu berühren. Denn wie schon im Buch an anderer Stelle erwähnt, Wissen alleine verändert uns nicht. Nur wenn Informationen auf eine Weise vermittelt werden, dass sie uns berühren, entstehen neue Verknüpfungen im Gehirn. Anders gesagt: Nur wenn uns etwas innerlich bewegt, werden wir wachgerüttelt.

Ich kann mich an Rückmeldungen zu Vorträgen erinnern, bei denen Zuhörerinnen mir sinngemäß gesagt haben: »Du hast eigentlich nichts erzählt, was ich noch nicht wusste. Aber ich habe es heute viel tiefer in mir aufgenommen und bin gerade sehr betroffen.« Die Kunst eines guten Vortrags besteht also in erster Linie darin, Menschen zu berühren und zu inspirieren. Natürlich werden wir im Vortrag wichtige Informationen vermitteln und vielleicht auch Orientierung geben, aber ohne ein packendes Beispiel, eine anschauliche Metapher oder ein berührendes Gedicht bleibt jeder Vortrag blutleer.

Element 2: Monolog (1 Stunde)

Nach dem Vortrag und einer kleinen Pause beginnt der eigentliche seelische Verarbeitungsprozess. Zuerst ist es dafür wichtig, dass ein sicherer Raum geschaffen wird, damit jede Teilnehmerin spüren und erkunden kann, was sie persönlich in der Tiefe am Thema bewegt. Das ist nämlich alles andere als selbstverständlich.

Normalerweise, wenn wir uns mit einem Thema beschäftigen, kratzen wir nur an der Oberfläche unserer Gedanken und Urteile. Wir reden dann über das Thema, tauschen unsere Gedanken und Lösungsvorschläge aus, diskutieren über Richtig und Falsch und drehen uns mit unseren Fragen im Kreis. Die tiefere seelische Dimension ist uns meist nicht bewusst. Solange wir nicht aktiv einen Raum schaffen, in welchem wir die Oberfläche der Gedanken zurücklassen und in Kontakt gehen mit dem, was uns innerlich am Thema bewegt, bleibt jede Auseinandersetzung damit fruchtlos.

Die einfachste Möglichkeit, einen solch sicheren Raum zu schaffen, ist die Übungsform des Monologs. Bei dieser Übungsform setzen sich drei Menschen zusammen. Eine Person beginnt mit dem Monolog zu bestimmten Fragen, während die beiden anderen nur zuhören. Es ist sehr wichtig, dass den Zuhörerinnen von der Leitung eingeschärft wird, während des Monologs nur ihre Präsenz zur Verfügung zu stellen, aber keine Kommentare abzugeben oder Fragen zu stellen. Wenn uns zwei Menschen ihre ganze Aufmerksamkeit schenken, hat das Kraft und unterstützt unsere eigene Konzentrationsfähigkeit. Gleichzeitig müssen wir keine Kommentare befürchten. Das vermittelt Sicherheit. Was immer in diesem Moment zu den Fragen in uns auftaucht und wir dazu ausdrücken, bleibt im Raum stehen.

In diesem Fall empfehle ich, für den Monolog drei grundlegende Fragen zu stellen. Sie können an die Tafel geschrieben werden oder auf einem Arbeitsblatt stehen:

- Was genau macht dich am Thema besonders betroffen und welche Gefühle löst das aus? (Manchmal ist es nur ein einziger Aspekt oder ein Wort, das uns betroffen macht.)

- Welchen Hintergrund gibt es zu diesen Gefühlen? Welche Lebenssituationen tauchen dazu auf?

- Was liegt dir hier in der Tiefe am Herzen? Was sagt deine Liebe dazu?

Für den Monolog sollte ein Zeitmaß von 10 Minuten gegeben werden. Die Leitung sollte ihn durch ein Signal (zum Beispiel durch das Anschlagen einer Glocke) ein- und ausläuten. Auch ein klarer Zeitrahmen gibt Orientierung und schafft Sicherheit.

Direkt im Anschluss an den Monolog der ersten Person wird nun Zeit für eine Resonanz der Zuhörerinnen und für Austausch geschaffen. Dafür werden 5 Minuten veranschlagt. Die Zeuginnen des Monologs sollten durch die Leitung ermutigt werden, mitzuteilen, welche seelische Resonanz beim Zuhören entstanden ist. Durch die seelische Resonanz von Zuhörerinnen fühlt sich die Person, die sich in ihrem Monolog gezeigt hat, gesehen und bestätigt. Dadurch wird ein Grundbedürfnis unserer Seele gestillt.

Rückmeldung als Zuhörerin zu geben, ist eine Kunst. Es geht dabei nicht um Ratschläge, um Analysen oder Lösungsvorschläge. Wenn sich zum Beispiel ein Mensch im Monolog mit Schmerz offenbart hat, bedeutet Resonanz nicht, ihm in seinem Schmerz zu helfen oder der Versuch, ihn zu »retten«, sondern ihm mit Mitgefühl beizustehen und diese innere Berührung auszudrücken. Genauso geht es nicht darum, einem Menschen Lösungsmöglichkeiten aufzuzeigen, wenn er sich mit tiefen Fragen oder mit Hilflosigkeit quält, sondern darum, zu vermitteln, dass ich als Zuhörerin diese tiefen Fragen in mir fühlen kann und was sie in mir bewirken.

Nach 5 Minuten wird der Austausch beendet und gewechselt. Es beginnt der Monolog der zweiten Person. Insgesamt dauert daher diese Übungseinheit mit drei Monologen und drei Zeiten von Austausch 45 Minuten. Um diese Übungseinheit in der Dreiergruppe abzurunden, kann man dazu einladen, dass sich am Schluss die Kleingruppe darüber austauscht, wie sich die Teilnehmenden jetzt im Augenblick im Beziehungsfeld der Kleingruppe fühlen und welche Erfahrung oder Erkenntnis für jede Person im Augenblick die wichtigste ist. Das nimmt etwa noch einmal 10 Minuten in Anspruch, sodass für die gesamte Übungseinheit etwa 1 Stunde eingerechnet werden muss.

Element 3: Innere Arbeit mit der Ohnmacht (2 Stunden)

Wie bereits in Kapitel 5 beschrieben, löst die Auseinandersetzung mit dem Klimawandel und seinen Folgen typischerweise Ohnmachtsgefühle und auch Überforderungsgefühle aus. Und das zu Recht, denn die Umbrüche und damit die Herausforderungen, die der Klimawandel mit sich bringt, sind so groß und so global, dass wir sie persönlich nicht »schaffen« können. Genau diese Ohnmacht führt sehr häufig dazu, dass Menschen in Abwehrmechanismen verfallen und nicht die Chance ergreifen, sich der Ohnmacht zu stellen, um sich durch diesen Prozess verwandeln zu lassen. Die meisten Menschen können sich nicht vorstellen, dass die Auseinandersetzung mit der Ohnmacht ein großes Potenzial beinhaltet und dadurch ein neues Bewusstsein geboren werden kann, das dazu führt, dass wir unsere eigenen Antworten finden und den Mut spüren, konkrete Schritte anzugehen.

Die konstruktive Auseinandersetzung mit unserer Ohnmacht geschieht nicht von selbst, sondern braucht einen speziellen Rahmen, der uns einerseits genug Sicherheit und Freiheit für unser ureigenstes Erleben und unseren eigenen Entwicklungsweg gibt, und uns andererseits Schritt für Schritt, in großer Klarheit, durch diesen Prozess hindurchleitet. Eine sehr einfache Möglichkeit, mit der Ohnmacht zu arbeiten, ist der folgende Aufbau einer Übung.

Im ersten Schritt wird zunächst die Ohnmacht der einzelnen Teilnehmenden eingeladen und ins Bewusstsein geholt. Das geschieht am einfachsten wieder durch einen Monolog in einer Dreiergruppe (mit neuen Partnerinnen). Dieses Mal sollte der Monolog der einzelnen Personen etwa 7 Minuten dauern. Jedoch gibt es danach keine direkte Rückmeldung von den Zuhörenden. Insgesamt dauert daher dieser Teil der Übung in einer Dreiergruppe nur etwa 20 Minuten.

Folgende Fragen eignen sich besonders, um die Auseinandersetzung mit der Ohnmacht einzuladen. Sie können wieder auf eine Tafel oder auf ein Arbeitsblatt geschrieben werden:

- Mit welcher Ohnmacht oder welcher Überforderung bist du durch den Klimawandel konfrontiert?
- Welche Gefühle löst dies in dir aus?
- Wie gehst du normalerweise mit diesen Gefühlen um?
- Welche Sehnsucht liegt hier verborgen?
- Lass jetzt eine wesentliche Frage entstehen, die dich in der Tiefe bewegt.

Wenn alle drei Personen der Kleingruppe den Monolog zu diesen Fragen abgeschlossen haben, kommt der eigentliche Hauptteil der Übung: eine Begegnung mit der Natur. Dazu werden alle Teilnehmenden gebeten, 45 Minuten lang alleine und schweigend auf eine bestimmte Weise in der Natur zu verbringen. Natürlich ist es dazu hilfreich, wenn es zum Beispiel am Veranstaltungsort einen Wald gibt. Aber auch wenn es nur einen kleinen Garten oder ein paar grüne Inseln gibt, lässt sich diese Übung durchführen.

Die Aufgabe für die Teilnehmenden besteht darin, dass sie ohne festes Ziel – auf eine lauschende und kontemplative Weise – in die Natur gehen und sich überraschen lassen, welches Wesen oder welches Element aus der Natur eine starke Resonanz in ihnen hervorruft. Es spielt dabei überhaupt keine Rolle, ob das, was sie »ruft«, ein Baum, eine Schnecke, die Weite des Himmels oder ein Büschel Grashalme ist. Entscheidend ist nur, dass dieses Element aus irgendeinem Grund auf die Teilnehmenden in diesem Moment eine starke Anziehungskraft ausübt.

Wenn die Teilnehmerin das gefunden hat, was sie ruft, lässt sie sich dort nieder, begrüßt dieses Wesen und teilt ihm laut oder leise mit, welche Ohnmacht sie bewegt und ihre Gefühle dazu. Zum

Schluss stellt sie auch noch ihre Frage. Wenn alles gesagt ist, geht es darum, auf eine Antwort zu lauschen. Mit dem Begriff »Lauschen« ist eine offene, sensitive Aufmerksamkeit gemeint, in der wir uns im wahrsten Sinne des Wortes in unserer Ganzheit öffnen – also ohne Wissen und ohne Absicht, aber wach und empfänglich da sind.

Antworten können sehr unterschiedlich aussehen. Es kann eine innere Stimme mit einem überraschenden Satz auftauchen, es kann aber auch sein, dass wir plötzlich etwas in unserer Umgebung entdecken, das eine neue Perspektive und damit eine Antwort für uns parat hält. Wie immer die Antwort im Einzelnen aussieht, sie ist mehr als ein Gedanke. Wir spüren bei einer Antwort, dass sie uns ganzheitlich ergreift und verändert. Sie hilft uns, uns mit der Ohnmacht zu versöhnen und eine neue Perspektive einzunehmen. Wenn also nur Gedanken auftauchen, die mich nicht ganzheitlich berühren, ist es noch keine Antwort und wir können diese Gedanken getrost zur Seite legen und weiterhin lauschen. Wenn wir eine Antwort empfangen haben, ist der nächste Schritt, uns bei dem Wesen aus der Natur zu bedanken und uns aus der Begegnung zu verabschieden.

Ich habe schon viele Menschen mit unterschiedlichsten Themen in Naturbegegnungen geführt, und die allermeisten von ihnen sind innerlich verwandelt daraus zurückgekehrt und haben tiefe Antworten auf ihre Fragen erhalten. Damit diese Übungsform gelingt, ist vielleicht das wichtigste Element, dass es einen klaren Rahmen für diese Begegnung in der Natur gibt, damit sich die Seele darauf auch wirklich einlassen kann.

Nach 45 Minuten sammeln sich alle Teilnehmenden und finden sich wieder in der gleichen Dreiergruppe zu einer Nachbearbeitung ein. In dieser hat jede Teilnehmende 3 Minuten Zeit, über ihre Erfahrungen in der Natur zu berichten. Dann gibt es noch mal etwa 4 Minuten Zeit für eine Resonanz der beiden Zuhörenden. Für diese Nachbearbeitung muss also noch mal etwa 20 Minuten veranschlagt werden.

Um diese Phase abzurunden, stehen am Schluss alle Teilnehmenden auf und kommen in einem Kreis stehend zusammen, um sich in einer Art Blitzlicht auszutauschen. Dazu bittet die Leitung die Teilnehmenden, die Augen zu schließen und noch mal auftauchen zu lassen, welche Antwort sie bekommen haben und welche Wirkung das in ihnen – in Körper und Seele – hat. Diese innere Wirkung der Antwort kann anschließend in einem Wort oder in einem Satz verdichtet im Kreis ausgedrückt werden. Für diesen Kurzaustausch im Kreis werden ca. 10 Minuten veranschlagt, sodass die gesamte Naturübung (mit einführenden Worten der Leitung) etwa 2 Stunden dauert. Danach gibt es eine längere Pause.

Element 4: Konkrete Schritte (90 Minuten)

Nach den beiden letzten Übungen sind die Teilnehmenden typischerweise innerlich in einer anderen Verfassung. Wichtige seelische Prozesse, die durch den Klimawandel ausgelöst wurden, konnten angeschaut und integriert werden. Dadurch sind die meisten Teilnehmenden jetzt in einem Zustand, in dem sie nicht mehr mit Widerständen oder Betroffenheit beschäftigt sind, sondern offen und bereit dafür sind, sich mit konkreten Verhaltensänderungen im eigenen Leben zu beschäftigen oder damit, sich aktiv fürs Klima einzusetzen.

Dieser Schritt einer Bereitschaft zur Aktivität ist im doppelten Sinne bedeutsam: Zum einen fühlen wir dadurch wieder unsere Selbstwirksamkeit und spüren, dass es durchaus einen Unterschied macht, wenn wir uns konkret für eine Reduzierung unseres ökologischen Fußabdrucks und für ein ökologisches Verhalten einsetzen. Das vermittelt uns das Gefühl von Sinnhaftigkeit. Zum anderen ist eine aktive Lebensumstellung natürlich der zentrale

Schritt für die Ökologie, denn ohne die Bereitschaft, unser Leben konkret umzustellen, bleibt jede Auseinandersetzung mit der Klimaproblematik ohne äußere Auswirkung.

Um diese Phase einzuleiten, könnte die Leitung einen kurzen Vortrag halten (30 Minuten). Darin könnte sie darstellen, dass wir alle Mitverursacher des Klimawandels sind und dadurch alle einen Beitrag leisten können. Und zum Zweiten könnte sie die wichtigsten Lebensbereiche ansprechen, in denen eine Umstellung möglich und letztlich nötig ist (siehe Kapitel 8). Sie muss aber auch deutlich machen, dass die Lebensumstände und auch die Herzenswünsche jedes einzelnen Menschen anders sind, dass also jeder Mensch nur in der eigenen Weise und seinem eigenen Tempo Veränderungen angehen kann.

Eine sofortige Umstellung in allen Lebensbereichen würde die meisten Menschen überfordern und damit kontraproduktiv wirken. Wenn wir uns dagegen die Erlaubnis geben, Schritt für Schritt in unserem eigenen Tempo Verhaltensveränderungen einzuleiten, entsteht in uns eine Zuversicht und das Gefühl, mit unseren Handlungen einen echten Beitrag leisten zu können. Dafür ist wichtig, dass wir immer nur einen Lebensbereich genauer betrachten und dort konkrete Veränderungen des CO_2-Ausstoßes oder des Ressourcenverbrauchs durchführen. Erst wenn diese Verhaltensumstellung zu einer neuen Gewohnheit und damit zu einer Selbstverständlichkeit geworden ist, macht es Sinn, einen weiteren Lebensbereich unter die Lupe zu nehmen. Es ist besser, in einem Lebensbereich mit unserer Umstellung erfolgreich zu sein, als möglichst sofort alles umstellen zu wollen und uns damit zu überfordern. Sonst landen wir letztlich in einer Frustration.

Nach dem Vortrag werden alle gebeten, sich selbstständig und in Stille mit folgenden Fragen zu beschäftigen und sich dazu Notizen zu machen (15 Minuten):

- Welche konkreten Lebensumstellungen für das Klima oder für die Ökologie unserer Erde kannst du ohne inneren oder äußeren Aufwand ab morgen vollziehen?

- In welchen Lebensbereichen stehen noch konkrete Veränderungen an, die nicht so einfach umzusetzen sind? Benenne die Lebensbereiche und betrachte, was es innerlich oder äußerlich schwierig macht, diese Umstellungen zu vollziehen.

- Wähle jetzt einen Lebensbereich aus, der dir am Herzen liegt, und in welchem du dir vorstellen kannst, dort konkrete Veränderungen durchzuführen:

  Warum liegt dir dieser Bereich besonders am Herzen?
  Was genau möchtest du in diesem Bereich verändern?
  Welche ökologische Auswirkung hat das?
  Wie müsstest du es systematisch angehen, dass du diesen Bereich verändern kannst?
  Welche Unterstützung oder welche Informationen brauchst du dazu?
  Woher könntest du diese Unterstützung bekommen?
  Bis wann und in welchen Teilschritten möchtest du diese Veränderung umgesetzt haben?
  Wer könnte dir bei dieser Umstellung als persönlicher Coach zur Seite stehen?

Zur letzten Frage sei angemerkt, dass es für eine größere Lebensumstellung enorm hilfreich ist, wenn wir jemanden an unserer Seite wissen, der wohlwollend ist und dem wir regelmäßig berichten können, wie die Umstellung vonstattengeht. Sinnvoll ist, dass man alle ein bis zwei Wochen einen Termin vereinbart, bei dem man sich trifft oder miteinander telefoniert, um die konkreten Fortschritte oder auch Misserfolge der Umstellung zu besprechen. Dadurch geht das Thema nicht in den vielen Herausforderungen des Alltags unter, sondern bekommt durch die kontinuierliche Beziehung zu einem Coach, dem wir regelmäßig Bericht erstatten, einen besonderen Stellenwert.

Nachdem jede Teilnehmende des Workshops für sich die Fragen beantwortet hat, finden sich erneut Dreiergruppen zusammen, um mit den Fragen weiterzuarbeiten. Jede Person stellt nur die Antworten zur Frage 3 den beiden Zuhörenden vor. Dabei haben die Zuhörenden die Aufgabe, ein wohlwollender Spiegel zu sein, der einerseits die Person ermutigt und bestätigt, und andererseits auf offene Fragen oder zusätzliche Möglichkeiten hinweist. Dafür wird pro Person eine Viertelstunde angesetzt, sodass es insgesamt eine Dreiviertelstunde dauert.

Element 5: Abschluss (30 Minuten)

Zum Abschluss könnte die Leitung anregen, dass sich regionale kleine oder größere »Klimagruppen« bilden. Sowohl für die regelmäßige Begleitung einer eigenen ökologischen Lebensumstellung als auch für den gesellschaftlichen oder politischen Einsatz für konkrete Klimaprojekte wäre es sehr förderlich, wenn sich Teilnehmende auch nach dem Workshop weiterhin regelmäßig treffen. Ziel einer solchen »Klimagruppe« könnte sein, sich gegenseitig in dem Prozess zu unterstützen, klimaneutral und möglichst ökologisch zu leben. Außerdem könnte sich die Gruppe für Öffentlichkeitsarbeit oder konkrete Projekte vor Ort oder global engagieren.

Noch ein Wort zur Öffentlichkeitsarbeit: Diese bedeutet nicht, andere Menschen zu missionieren. Wenn wir das versuchen, werden wir sicherlich vielen Menschen auf die Nerven gehen und sie letztlich nicht fürs Thema interessieren, sondern das Gegenteil bewirken. Wenn wir dagegen andere Menschen unvoreingenommen fragen, wie es ihnen mit dem Thema Klimawandel und Ressourcenverschwendung geht, dann werden wir feststellen, dass sich fast alle Menschen bereits mit dem Thema auf die eine oder andere Weise beschäftigen.

Durch echtes Interesse am anderen öffnet man Türen und es kann zu Begegnungen kommen, die in allen Beteiligten den Horizont erweitern. Das brauchen wir dringend in sämtlichen Gesellschaftsgruppen, in Firmen, Verbänden und Parteien. Wir brauchen keine Missionare, keine Besserwisser und keine Moralapostel, sondern Menschen, die bereit sind, sich mit den eigenen Sorgen, Fragen, Nöten und Herzensanliegen zu zeigen, und die gleichzeitig interessiert daran sind, wie es anderen Menschen mit den konkreten Herausforderungen des Klimawandels geht.

Vielleicht können sich vor Ort bereits Teilnehmende zu einer »Klimagruppe« zusammenfinden und ein erstes Treffen vereinbaren. Dafür muss etwa eine Viertelstunde veranschlagt werden.

Zuletzt könnte die Gruppe noch einmal im Kreis stehend zusammenkommen, damit sich alle Teilnehmenden gut sehen können (15 Minuten). Dann lädt die Leitung dazu ein, dass die Teilnehmerinnen ein kurzes Feedback darüber abgeben, wie sie sich jetzt am Ende des Tages fühlen oder welche zentrale Erkenntnis oder Erfahrung sie mitnehmen. Wenn die Gruppe größer als zehn Personen ist, reicht wahrscheinlich die Zeit nicht, dass jede Person etwas von sich mitteilt. Aber schon wenn einige der Teilnehmerinnen zum Schluss ein kleines Feedback abgeben, entsteht das Gefühl einer Abrundung und einer Verbundenheit.

Die Workshopstruktur im Überblick

TEIL 1:

Eröffnungsvortrag	60 Minuten
Monolog	60 Minuten

TEIL 2:

Vorbereitung der Naturbegegnung	20 Minuten
Naturbegegnung	45 Minuten
Nachbereitung der Naturbegegnung	20 Minuten
Austausch im Kreis	10 Minuten

TEIL 3:

Vortrag	30 Minuten
Stille Reflexion mit Fragen	15 Minuten
Arbeit mit Fragen in Kleingruppen	45 Minuten
Bildung von Klimagruppen	15 Minuten
Abschlusskreis	10 Minuten

Insgesamt 6 Stunden mit mehreren kürzeren Pausen und 2 längeren Pausen zwischen den 3 Hauptteilen.

Wer an der Durchführung eines Klima-Workshops in seinem Umfeld Interesse hat, aber niemanden kennt, der eine gewisse Erfahrung mitbringt, um sich die Leitung zuzutrauen, kann sich gerne an mich wenden. Ich werde versuchen, bei Anfragen geeignete Leitungspersonen zu vermitteln. (E-Mail unter richard.stiegler@seeleundsein.com)

KAPITEL 10

Über die Kraft der Liebe

Ich bekenne, dass ich das Leben für ein Ding
von der unantastbarsten Köstlichkeit halte,
und dass die Verknotung so vieler Verhängnisse
und Entsetzlichkeiten mich nicht irre machen kann
an der Fülle und Güte und Zugeneigtheit des Daseins.

RAINER MARIA RILKE[12]

Woher können wir die Zuversicht nehmen, trotz aller »Entsetz-lichkeiten«, wie Rilke sagt, in die »Fülle und Güte und Zuge-neigtheit des Daseins« zu vertrauen? Woher sollen wir die Kraft nehmen, große Herausforderungen, wie sie der Klimawandel mit sich bringen wird, Schritt für Schritt anzugehen?

Neulich kam ich bei einer Wanderung an einen See. Das Licht der Abendsonne tanzte in tausendfachem Glitzern auf der Ober-fläche der Wellen und das bunte Herbstlaub der Bäume am Ufer leuchtete in allen Farben. Überwältigt von der Schönheit der Natur blieb ich stehen, still versunken im Schauen und Staunen.

Wie bedeutsam sind doch diese Momente, in denen die Schleier unserer Gedanken und Ängstlichkeiten aufgebrochen werden und wir das Leben in seiner Größe und Kostbarkeit sehen, hören und fühlen. In diesen Momenten steht das gedankliche Kreisen um uns selbst still und wir spüren, wie klein doch unsere normale Welt mit ihren Sorgen und Nöten ist. Natürlich gilt es weiterhin, die Herausforderungen des Lebens ernst zu nehmen, und auch die Bedrohung durch den Klimawandel ist nicht aufgehoben. Und doch rückt in diesen Momenten – den großen Momenten unseres Lebens – alles, was uns normalerweise beschäftigt, weit weg und wird auf eine Weise sehr unbedeutend.

Man könnte auch sagen, wir als Mensch werden ganz klein und das Leben in seiner Schönheit und Unermesslichkeit wird ganz groß. Plötzlich spüren wir, wie unfassbar es doch eigentlich ist, dass diese Schöpfung in ihrer unendlichen Vielfalt und in ihrer unergründlichen Ordnung existiert. Welch Zauber und welches Geheimnis liegen doch im Flügelschlag eines Vogels, im Rauschen der Blätter im Wind, in der Wärme der Sonne auf unserer Haut? Welches Mysterium lässt alle fühlenden Wesen lebendig sein, lässt uns Menschen atmen, spüren und schauen? Wann immer mich das Geheimnis des Lebens ergreift, fühle ich eine tiefe Zärtlichkeit zu allem, was existiert. In diesen Momenten liebe ich jeden Stein, jedes Blatt und jedes Wesen, das meinen Weg kreuzt. Und ich fühle zutiefst, dass jede noch so unbedeutende Kreatur in diesem großen Ganzen ihren Platz hat und dass nichts umsonst geschieht.

Wie könnte ich in einem solchen Moment nicht vertrauen? Wenn diese Schöpfung in ihrer Großartigkeit und Vielfalt seit Millionen von Jahren besteht, wenn der Kosmos sich in seiner unvorstellbaren Größe ausdehnt und Milliarden von Galaxien und funkelnden Sternen beinhaltet, und wenn die geheimnisvolle Ordnung der Natur sich vor meinen Augen im Leuchten der Blätter und im sanften Wiegen der Äste im Wind entfaltet, wie könnte ich mich nicht vom Leben eingebettet und getragen fühlen?

In diesen Momenten spüren wir die »Fülle und Güte und Zugeneigtheit des Daseins« und wir spüren ein unbedingtes Vertrauen, das größer und tragender ist als alle Ängstlichkeiten, die uns sonst oft befallen. Warum ist dieses Vertrauen größer? Weil wir in diesen Momenten nicht auf unsere Fähigkeiten als Person bauen, sondern uns das große Netz des Lebens und die unermessliche Ordnung der Schöpfung bewusst wird. Wir spüren, dass es eben nicht allein auf unser Vermögen und unsere Handlungen ankommt, wie sich das Leben entfaltet, sondern dass es ein viel größeres Geschehen gibt, worin wir eingebettet sind.

Mitgefühl als schützende Hülle

Und doch gibt es auch dunkle Momente, in denen ich verzage, wenn ich sehe, was wir Menschen uns gegenseitig oft antun. Wie Menschen durch die Verblendung anderer leiden müssen, wie sie Gewalt, Hunger und Ausgrenzung erfahren. Ist es nicht erschreckend, zu sehen, wie wir vollkommen blind und rücksichtslos die Natur ausbeuten, wie wir Tiere behandeln, als ob sie keine fühlenden Wesen wären, wie wir aus reinem Effizienzstreben und bloßer Profitgier die Wälder abbrennen, den Boden überdüngen und die Meere vermüllen? Ist es nicht zutiefst schmerzlich, dass wir gerade dabei sind, durch unseren unmäßigen Energiehunger und unseren Konsum die Zukunft unserer Kinder und Enkel zu belasten oder vielleicht sogar zu zerstören? Könnte man hier nicht an all diesen Schrecklichkeiten verzweifeln?

Ich kenne viele Menschen, die sich manchmal von solchen Gedanken erschlagen fühlen und regelrecht an der Menschheit verzweifeln. Doch bei genauerer Betrachtung konfrontieren uns auch diese Momente mit unserer Kleinheit. Unser Herz wird dabei aufgebrochen, allerdings nicht durch die Schönheit und die Kostbarkeit des Lebens wie in den erhabenen Augenblicken, sondern durch die ungeheure Verwundbarkeit der Existenz. Wenn wir uns dieser mutig stellen, ebenso wie der Ohnmacht, die darin liegt, und nicht in Ängste, Depression oder Sinnlosigkeit abgleiten, werden wir die Verwundbarkeit in unserem eigenen Herzen spüren. Das wird uns für einen anderen Aspekt der Liebe öffnen – für das Mitgefühl.

Mitgefühl ist die einzige Antwort und der einzige wirksame Schutz, den es gegen die Grausamkeiten des Lebens gibt. Gleichgültigkeit macht uns taub, Rationalisierungen machen uns überheblich und Widerstände und Kampf bewirken oft Frustration und machen uns entsprechend hart. Nur das Mitgefühl hat die Kraft, der Verwundbarkeit und den Schrecklichkeiten des Lebens offen und ungeschützt zu begegnen, ohne daran zu zerbrechen. Mitgefühl ist wie eine sanfte, schützende Hülle, die alles Leiden umfassen kann. Wenn sich unser Herz mitfühlend öffnet, können wir allen Entsetzlichkeiten standhalten und sie in Liebe einhüllen.

Plötzlich sehen wir dann nicht mehr einen rücksichtslosen Menschen vor uns, der die Natur egoistisch und grausam ausbeutet, sondern wir fühlen, wie der einzelne Mensch oft in vielen inneren und äußeren »Verknotungen« und Verblendungen gefangen ist. Wenn wir durch die Augen des Mitgefühls schauen, gibt es auch keine egoistische und ignorante Gesellschaft, sondern wir sehen vor uns ein vielfältiges und lebendiges waberndes System unterschiedlichster Bedürfnisse und verschiedener kultureller Ausprägungen, das in Abhängigkeiten verstrickt ist und daher oft nicht die Reife hat, im eigentlichen Sinne menschlich zu entscheiden und zu handeln.

Da das Mitgefühl uns schützt und die Kraft gibt, dem Leiden standzuhalten und wahrhaft zu begegnen, kann es auch tiefer sehen als der rationale Verstand oder der Kampfgeist in uns. Es gibt hier keinen Widerstand, keine Urteile und daher keine Verzerrung unserer Wahrnehmung. Dadurch können wir allen Menschen respektvoll begegnen, auch denjenigen, die sich aus unserer Sicht rücksichtslos gegen Mensch und Natur verhalten. So entfaltet sich in uns eine große Freundlichkeit uns selbst und allen Wesen gegenüber. Die Ausstrahlung einer grundlegenden Freundlichkeit ist wohl die wichtigste Frucht eines Lebens, das im Mitgefühl gegründet ist.

Liebe und Intelligenz

Doch es gibt noch eine weitere Qualität, die sowohl die Liebe als auch das Mitgefühl beinhaltet. Da wir sowohl in der Liebe als auch im Mitgefühl tatsächlich auf das, was ist, bezogen sind, und zwar in einer unmittelbaren und verbundenen Weise, kann sich hier unsere Intelligenz erst richtig entfalten. Wenn wir dagegen etwas verurteilen, etwas falsch finden und es verändern wollen, ist unser Blick und unser Verstand durch den Widerstand getrübt. Erst wenn wir es in Liebe betrachten und es dadurch tiefer in seiner Bedeutung und vielleicht auch in seiner Verblendung oder Verknotung, wie Rilke sagt, sehen, werden sich kreative, und damit wirklich intelligente Handlungsoptionen ergeben, die nicht gegen etwas ankämpfen, sondern sich auf das Leben in seiner Ganzheit beziehen.

In der Liebe gibt es keine Feinde. Natürlich gibt es auch in der Liebe Schwierigkeiten, Schmerz, Gewalt, Ausbeutung und Tod, aber eben keine Feinde. Dadurch können wir uns aus der Liebe heraus dem Schwierigen oder Bedrohlichen ganz zuwenden und uns freundlich und intelligent beziehen. Genau diese Haltung spricht Jesus an, wenn er sagt: »Wenn dir einer auf die linke Wange schlägt, halte ihm die andere hin.« (Matthäus 5,39) Nur die Liebe und das Mitgefühl geben uns die Kraft, uns so vorbehaltlos auf das, was ist, einzulassen.

Wie wollen wir der Bedrohung durch den Klimawandel begegnen, wenn nicht durch die rückhaltlose Bereitschaft der Liebe?

Wie wollen wir der Wucht und dem Schmerz, den dieses Thema für die Menschheit und alle Wesen bereithält, standhalten, wenn nicht geschützt durch den Mantel des Mitgefühls? Wie sollen wir die Ausdauer und den Einsatz aufbringen, unser eigenes Leben und unsere Gesellschaft so radikal umzubauen, wenn nicht durch die Kraft eines offenen Herzens?

So herausfordernd der Klimawandel für uns Menschen ist, so sehr birgt er doch auch die Chance, das Selbstverständnis unserer Großartigkeit als Mensch zu erschüttern und das Kostbarste und vielleicht Menschlichste in uns freizulegen: die Fähigkeit zu lieben. Wenn nicht von hier, von wo aus sonst haben wir eine Chance, die drohende Katastrophe für unsere Kinder und Enkel abzuwenden?

ENDNOTEN

1   Erich Kästner. Aus: Konferenz der Tiere. Atrium Verlag Zürich, 1998

2   Marlo Morgan. Aus: Traumfänger. Goldmann Verlag, 1994

3   Gus Speth. Aus einem Interview mit der New York Times, 2018

4   Diesen Gedanken formuliert Professor Claus Eurich jüngst in einem
    öffentlichen Aufsatz so: »Wir plädieren deshalb dafür, der Präambel des
    Grundgesetzes einen neuen und vertieften Ausgangspunkt zu geben.
    Statt: ›Die Würde des Menschen ist unantastbar‹, soll es zukünftig lau-
    ten: ›Die Würde des Lebens ist unantastbar!‹«, 2019

5   Gendün Rinpoche. Aus: Herzensunterweisung eines Mahamudra-Meis-
    ters. Theseus, 1999

6   Talmud. Aus: www.aphorismen.de

7   Max Frisch. Aus: www.gutzitiert.de

8   Papst Franziskus. Aus: Weihnachtspredigt. Zitiert in Zeit Online, 2018

9   Gerhard Hüther. Aus: Würde. Knaus, 2018

10 Erich Kästner. Aus: Es gibt nichts Gutes, außer: Man tut es. Atrium
    Verlag, 2015

11 Richard Beauvais, 1964

12 Rainer Maria Rilke. Aus: Du musst dein Leben ändern. Insel Verlag,
    2006

Dank

Ich möchte mich zuerst bei meinen Kindern bedanken. Als sie noch klein waren, haben sie mich immer wieder anschaulich gelehrt, was bedingungslose Liebe und Hinwendung zum Leben bedeutet.

Dann möchte ich mich vor allen Kindern, Jugendlichen und jungen Erwachsenen verneigen, die die Bewegung »Fridays for Future« unterstützt haben und bis heute am Leben halten. Ihr unermüdlicher Einsatz hat auch mich inspiriert.

Genauso möchte ich mich bei allen Wissenschaftlerinnen und Wissenschaftlern bedanken, die seit vielen Jahrzehnten intensiv an der Erforschung des Klimawandels und der Ökosysteme arbeiten. Ihre Forschung ist unschätzbar für das Weiterbestehen der Menschheit und gleichzeitig sind viele der Forscherinnen und Forscher zutiefst frustriert darüber, dass ihre Erkenntnisse in den Gesellschaften nur so langsam ernst genommen werden. Sie haben mit ihrer Forschung den Boden für einen grundsätzlichen Wandel unserer Gesellschaften bereitet.

Bedanken möchte ich mich auch bei allen Menschen, die die Entstehung dieses Buches ohne Umschweife und vorbehaltlos unterstützt haben. Besonders möchte ich die Verlagsleitung von Arbor – Lienhard Valentin und Usha Swamy –, meinen Lektor Thomas Böhmer, Marlies Ruß und Dirk Henn für die nochmalige Durchsicht des Textes hervorheben. Auch Gaby Barry, Cordula Weimann, Werner Koldehoff, Harry Lehmann, Anja Kleer und Martin Schuster möchte ich erwähnen. Ihr Einsatz, ihr Vertrauen und ihr Zuspruch waren für mich sehr wichtig.

Ein besonderer Dank geht an meine Frau Elisabeth. Ich habe dieses Buch in einer Rekordzeit geschrieben. Das war nur möglich durch die Unterstützung meiner Frau. Hab Dank für deine Liebe und alles, was du mir seit Jahren schenkst.

Zuletzt will ich mich vor der Natur verneigen. Schon seit frühester Kindheit an ist sie mir Kraftquelle und Lehrmeisterin gleichzeitig. Ihre Geschenke sind unermesslich.

WEITERFÜHRENDE BÜCHER UND LINKS ZUM THEMA

Andreas Weber: Alles fühlt, think oya Verlag

In den Biowissenschaften wird zunehmend erkannt, dass Empfindungs-vermögen, Innerlichkeit und Subjektivität keine auszuklammernden Sonderfälle, sondern elementare Eigenschaften des Lebens und damit auch von Tieren und Pflanzen sind.

Arne Naess: Die Zukunft in unseren Händen – eine tiefenökologische Philosophie, Edition Trickster

Ein Grundlagenwerk des Vordenkers der Tiefenökologie, eine Philoso-phie zur wechselseitigen Verbundenheit des Lebens.

Charles Eisenstein: Ökonomie der Verbundenheit – Wie das Geld die Welt an den Abgrund führte – und sie dennoch jetzt retten kann, Scorpio Verlag

Spirituelle Philosophie und Wirtschaftstheorie

Christian Schönwiese: Klimawandel kompakt: Ein globales Problem wis-senschaftlich erfasst

Wie der Titel schon sagt: ein kompakter Überblick über den aktuellen Stand der Wissenschaft

David Nelles und Christian Serrer: Kleine Gase – große Wirkung, Der Klimawandel

Ursachen und Wirkungen von Klimagasen: Leicht verständlich und anschaulich geschrieben.

Harry Lesch, Klaus Kamphausen: Wenn nicht jetzt, wann dann? Handeln für eine Welt, in der wir leben wollen

Ein Weckruf und ein Mutmachbuch

Joanna Macy, Molly Young Brown: Die Reise ins lebendige Leben – Strategien zum Aufbau einer zukunftsfähigen Welt, Junfermann Verlag

Johanna Macy ist eine der führenden Stimmen der Tiefenökologie. Sie beschreibt in diesem Buch den grundlegenden Ansatz dieser Arbeit. Mit praktischen Übungen.

Mojib Latif: Klimawandel und Klimadynamik

Klimaforschung als interdisziplinäres Fach

Stefan Rahmtorf, Hans Joachim Schellnhuber: Der Klimawandel: Diagnose, Prognose, Therapie

Zwei international führende Experten geben einen kompakten und verständlichen Überblick über den aktuellen Stand unseres Wissens und zeigen Lösungswege auf.

Thich Nhat Hanh: Mit dem Herzen verstehen, Theseus Verlag

In wunderbar anschaulichen Worten wird das Herzstück der buddhistischen Lehre der wechselseitigen Verbundenheit vermittelt.

Ursula Segezzi: Das Wissen vom Wandel – Die natürliche Struktur wirksamer Transformationsprozesse, van Eck Verlag

Omasforfuture.de

Das Ziel dieser Plattform ist, sichtbar zu machen, welche (versteckten) Klimakosten unsere Lebensweise hat und welche konkreten und einfachen Maßnahmen jede/r Einzelne in seinem/ihrem Leben unmittelbar umsetzen kann, um sofort seinen/ihren Klimaausstoß zu verringern. Die Daten der Plattform sind absolut seriös und werden durch Klimawissenschaftler überprüft.

Freiwillig100.de

Eine Initiative im Verkehrsbereich, die vom Autor ins Leben gerufen wurde. Durch eine Veränderung unseres Fahrverhaltens können wir sofort zu einer wesentlichen Reduktion von CO_2 im Straßenverkehr beitragen.

Primaklima.org

Hier können wir Bäume pflanzen und Bäume verschenken. Auch ein Teil des Ladenpreises für dieses Buch wird hier für Aufforstung investiert.

ADFC.de

Die Seite des Deutschen Fahrradclubs. Eine Verkehrs- und Klimawende ohne das Fahrrad? Undenkbar.

Ecosia.org

Die einfachste Möglichkeit, durch unser Internetverhalten das Klima zu fördern, ist, nicht über Google, sondern generell über Ecosia unsere Suchanfrage zu starten. Ecosia ist eine gemeinnützige Stiftung. Sie arbeitet mit Ökostrom und alle Gewinne werden zum Pflanzen von Bäumen verwendet.

GLS.de

Die GLS-Bank ist eine werteorientierte Bank. Hier kann man unter anderem in Klimafonds investieren und damit den ökologischen Umbau unserer Gesellschaft unterstützen.

Zum Autor

Richard Stiegler, geb. 1963. Heilpraktiker. Von 1988–2008 psychotherapeutische Praxis in Rosenheim. Kursleiter, Meditationslehrer, Ausbilder in Transpersonaler Prozessarbeit. Buchautor.

Ausbildungen in Körperzentrierter Psychotherapie und in Groupfield (Transpersonale Psychologie nach Dyrian Benz-Chartraud) und anderen Verfahren der Humanistischen Psychologie. Jahrelange Meditationspraxis, vorwiegend Vipassana bei Fred von Allmen und Einzelretreats.

Schon in jungen Jahren bewegte Richard Stiegler die Verbindung zwischen seelischer und spiritueller Entwicklung, was ihn zur Transpersonalen Psychologie führte. Mit der Zeit ist ein eigener integrativer Ansatz der Transpersonalen Psychologie entstanden. 2001 hat er die Schule SEELEundSEIN gegründet, in der regelmäßig Ausbildungen und weiterführende Fortbildungen zur Transpersonalen Prozessarbeit stattfinden.

Heute bietet Richard Stiegler Kurse und Ausbildungen in Transpersonaler Prozessarbeit an und gibt Meditationskurse, in denen das offene Gewahrsein im Zentrum der Praxis steht.

Von Richard Stiegler sind bereits erschienen:

Kein Pfad – aus der Stille leben, J. Kamphausen, 2005
Nach innen lauschen – Inspirationen für die spirituelle Praxis,
Arbor Verlag, 2014
Im Einklang leben – Spirituelle Grundhaltungen und Alltag,
Arbor Verlag, 2017

Informationen zu Kursen und Ausbildungen von Richard Stiegler
unter: www.seeleundsein.com

Arbor Verlagsprogramm

Umfangreiche Informationen zu unseren Themen, ausführliche Leseproben aller unserer Bücher, einen versandkostenfreien Bestellservice und unseren kostenlosen Newsletter. All das und mehr finden Sie auf unserer Website.

www.arbor-verlag.de

Mehr von Richard Stiegler

www.arbor-verlag.de/richard-stiegler

Arbor Seminare

Die gemeinnützige *Arbor-Seminare gGmbH* organisiert regelmäßig Seminare und Weiterbildungen mit führenden VertreterInnen achtsamkeitsbasierter Verfahren. Zudem informiert sie über aktuelle Entwicklungen in diesem Bereich und trägt Achtsamkeit auf diese Weise nachhaltig in die Gesellschaft. Nähere Informationen finden Sie unter:

www.arbor-seminare.de

Arbor Online-Center

Mit dieser Plattform hat Arbor einen virtuellen Ort der Inspiration und des Lernens rund um das Thema Achtsamkeit geschaffen. Lernen Sie die AutorInnen unserer Bücher und die ReferentInnen unserer Veranstaltungen kennen: in Interviews, Vorträgen, Meditationsübungen, Webinaren, Podcasts sowie Online-Kursen und zahlreichen weiteren Ressourcen.

www.arbor-online-center.de

Richard Stiegler

Warum uns der Klimawandel an innere Grenzen bringt ...

... und wie wir daran wachsen können